PHP+MySQL 网站开发实战

主 编 曹 宇　王永恒　镡忠斌

北京理工大学出版社
BEIJING INSTITUTE OF TECHNOLOGY PRESS

内 容 简 介

本书基于当前互联网开发的实际需求和技术发展趋势，精心编排内容结构，旨在助力专业学生全面掌握 PHP+MySQL 网站开发技能。第 1 章概述 PHP 语言及环境搭建，奠定开发基础。第 2 章深入 PHP 语言基础，包括语法、变量、数据类型等，为后续开发打下坚实基础。第 3~9 章通过案例项目实践，详细展示从环境配置到功能模块实现的完整流程，涵盖面向对象编程、数据库操作、增删改查实践、富文本框及 AJAX 应用、验证操作和用户管理等多个方面。此外，本书提供了丰富代码示例和实践指导，尽力为学生呈现一条清晰的 PHP+MySQL 网站开发学习路径。

版权专有　侵权必究

图书在版编目（CIP）数据

PHP+MySQL 网站开发实战 / 曹宇，王永恒，镡忠斌主编. -- 北京：北京理工大学出版社，2024.10（2024.11 重印）.
ISBN 978-7-5763-4181-2

Ⅰ. TP312.8;TP311.132.3

中国国家版本馆 CIP 数据核字第 2024MW0666 号

责任编辑：王玲玲		**文案编辑**：王玲玲		
责任校对：刘亚男		**责任印制**：施胜娟		

出版发行 / 北京理工大学出版社有限责任公司
社　　址 / 北京市丰台区四合庄路 6 号
邮　　编 / 100070
电　　话 /（010）68914026（教材售后服务热线）
　　　　　（010）63726648（课件资源服务热线）
网　　址 / http://www.bitpress.com.cn
版 印 次 / 2024 年 11 月第 1 版第 2 次印刷
印　　刷 / 河北盛世彩捷印刷有限公司
开　　本 / 787 mm×1092 mm　1/16
印　　张 / 13.75
字　　数 / 314 千字
定　　价 / 49.00 元

图书出现印装质量问题，请拨打售后服务热线，负责调换

前言

在当今这个信息洪流汹涌、技术日新月异的时代,党的二十大报告深刻阐明了培养新时代技术人才对于推动社会进步与科技创新的不可或缺性。正是在这样宏大的时代背景下,本书应运而生,它承载着培养新一代互联网技术人才的使命,专注于为专业学生及广大开发者提供一套系统、全面且实战性强的 PHP+MySQL 网站开发技能指南。

本书深谙 PHP+MySQL 作为中小型 Web 项目开发主力军的重要性,紧密围绕这一实用技术组合,通过层层递进的讲解方式,结合丰富多样的实践案例,精心构建起一座从理论到实践的桥梁。本书内容不仅涵盖了从环境搭建、语言基础等入门知识,更深入到了面向对象编程、数据库操作、前后端交互等核心技能领域,旨在全方位提升学生的开发素养与实战能力。每一个章节,都是对技术要点的深度剖析;每一个案例,都是对理论知识的实战应用,力求让学生在实践中巩固知识,在问题中锻炼思维。

本书的编写团队,由 3 位拥有超过 20 年项目实践与教学经验的资深专家组成。团队成员不仅见证了互联网技术的变迁,更亲身参与了无数项目的成功实施。在编写过程中,我们将自己的专业知识、实践经验与对教育的热爱融为一体,力求语言表述简洁明了,代码示例丰富且清晰,项目案例既贴近实际又富有挑战性。这样的编排,既保证了内容的深度与广度,又兼顾了学习的趣味性与实用性。

值得一提的是,本书的策划、编写与出版过程,得到了上海城建职业学院及多家合作企业的鼎力支持与无私帮助。学院提供了宝贵的学术资源与教学平台,企业则分享了真实的项目案例与市场需求,这种校企深度融合的模式,使本书内容更加贴近行业前沿，更具实战价值。在此，我们向所有为本书付出努力与支持的单位和个人表示最诚挚的感谢。

然而，我们也清醒地认识到，任何一部作品都不可能尽善尽美。由于时间紧迫及作者知识视野的局限性，书中难免存在一些疏漏与不足，对此，我们持开放与包容的态度，诚挚邀请广大读者在阅读过程中提出宝贵的意见与批评。您的每一条反馈，都将是我们不断完善本书、提升内容质量的宝贵财富。

编　者

目录

第 1 章　环境搭建与开发入门 ……………………………………………… 1
1.1　PHP 概述与开发环境搭建 ………………………………………… 1
　　1.1.1　PHP 语言概述 …………………………………………………… 1
　　1.1.2　动态网页运行原理 ……………………………………………… 2
1.2　搭建 PHP 集成运行环境 …………………………………………… 3
　　1.2.1　PHP 集成运行环境软件 ………………………………………… 3
　　1.2.2　PhPStudy 的安装和配置 ………………………………………… 3
1.3　PHP 集成开发工具 ………………………………………………… 11
　　1.3.1　安装 VSCode …………………………………………………… 11
　　1.3.2　设置 PHP 开发环境 …………………………………………… 15
　　1.3.3　测试开发和运行环境 …………………………………………… 17
思考与练习 ………………………………………………………………… 19

第 2 章　PHP 语言基础 ……………………………………………………… 20
2.1　PHP 语法入门 ……………………………………………………… 20
　　2.1.1　基础代码规则 …………………………………………………… 20
　　2.1.2　PHP 变量 ……………………………………………………… 22
　　2.1.3　PHP 数据类型 ………………………………………………… 24
　　2.1.4　PHP 常量 ……………………………………………………… 29
　　2.1.5　数据类型转换 …………………………………………………… 29
　　2.1.6　PHP 运算符 …………………………………………………… 31
2.2　PHP 语句 …………………………………………………………… 35
　　2.2.1　if 语句 ………………………………………………………… 36
　　2.2.2　if…else 语句 ………………………………………………… 36
　　2.2.3　if…else if…else 语句 ……………………………………… 37
　　2.2.4　switch 语句 …………………………………………………… 38

     2.2.5　while 语句 …… 39
     2.2.6　do…while 语句 …… 39
     2.2.7　for 语句 …… 40
     2.2.8　break、continue 语句 …… 42
   2.3　PHP 函数 …… 42
     2.3.1　内置函数 …… 42
     2.3.2　自定义函数 …… 47
     2.3.3　可变函数 …… 48
     2.3.4　回调函数 …… 48
     2.3.5　匿名函数 …… 49
   思考与练习 …… 50

第 3 章　PHP 面向对象 …… 51
   3.1　类的定义 …… 51
   3.2　继承 …… 53
   3.3　函数覆盖 …… 54
   3.4　访问控制 …… 55
   3.5　抽象类与接口 …… 57
     3.5.1　抽象类 …… 57
     3.5.2　接口 …… 58
   3.6　static、final 关键字 …… 59
     3.6.1　static 关键字 …… 59
     3.6.2　final 关键字 …… 60
   3.7　命名空间 …… 60
     3.7.1　定义命名空间 …… 60
     3.7.2　名称空间分类 …… 61
     3.7.3　引入名称空间 …… 61
   3.8　超级全局变量 …… 62
   3.9　错误和异常处理 …… 73
     3.9.1　错误处理 …… 73
     3.9.2　异常处理 …… 77
   思考与练习 …… 79

第 4 章　PHP 操作数据 …… 81
   4.1　数据库设计 …… 81
     4.1.1　概念模型设计：E-R 图 …… 81
     4.1.2　物理模型设计：数据表 …… 83
     4.1.3　在 MySQL 中创建数表 …… 83
   4.2　PHP 操作表中数据 …… 89

4.2.1　连接数据库 ··· 89
　　4.2.2　增、删、改操作 ··· 90
　　4.2.3　查询操作 ·· 93
　　4.2.4　预处理语句 ·· 93
　　4.2.5　返回结果集 ·· 96
　　4.2.6　事务处理 ·· 98
　思考与练习 ··· 99

第 5 章　增、删、改、查实践 ·· 101
5.1　连接数据库通用函数 ·· 101
5.2　表数据增、删、改通用函数 ··· 102
5.3　数据查询通用函数 ·· 104
　　5.3.1　多行数据获取 ·· 104
　　5.3.2　单行数据获取 ·· 105
　　5.3.3　单值数据获取 ·· 106
　　5.3.4　获取插入数据的 id 值 ··· 107
5.4　查询显示列表 ··· 107
　　5.4.1　多条件查询界面 ·· 108
　　5.4.2　多条件查询功能 ·· 108
　　5.4.3　保留查询条件 ··· 112
5.5　分页查询列表 ··· 114
　　5.5.1　设置分页链接 ··· 114
　　5.5.2　分页条件查询 ··· 115
5.6　信息的增、删、改 ·· 118
　　5.6.1　信息添加 ·· 118
　　5.6.2　信息编辑 ·· 120
　　5.6.3　信息删除 ·· 123
　思考与练习 ·· 124

第 6 章　富文本框和 AJAX 实践 ··· 125
6.1　使用富文本框 ··· 125
　　6.1.1　下载、配置 KindEditor ·· 125
　　6.1.2　使用 KindEditor ··· 127
6.2　AJAX 实践 ··· 130
　　6.2.1　AJAX 实践所需基础概念 ·· 130
　　6.2.2　后端实现增、删、改、查功能及返回 JSON 数据 ··· 132
　　6.2.3　前端发送 AJAX 请求及处理 JSON 返回 ··· 136
　思考与练习 ·· 140

第 7 章　验证相关操作 ··· 141
7.1　前后端的输入验证 ·· 141
7.1.1　前端验证 ··· 141
7.1.2　后端验证 ··· 150
7.1.3　前后端验证 ·· 157
7.2　验证码 ··· 161
7.2.1　绘制验证码 ·· 162
7.2.2　验证码的使用 ··· 163
7.3　密码加密 ··· 164
7.3.1　PHP 内置加密算法 ··· 164
7.3.2　对密码加密 ·· 166
7.3.3　密码加密后的登录 ·· 168
思考与练习 ·· 169

第 8 章　用户管理实践 ··· 170
8.1　注册功能 ·· 170
8.2　登录功能 ·· 177
8.3　退出功能 ·· 180
8.4　修改密码 ·· 181
8.5　更换头像 ·· 183
思考与练习 ·· 186

第 9 章　实践项目功能展示 ··· 188
9.1　开发环境搭建 ··· 188
9.2　功能预览 ·· 188
9.2.1　静态页清单 ·· 189
9.2.2　应用框架 ··· 189
9.2.3　登录 ·· 191
9.2.4　退出 ·· 193
9.2.5　注册管理员 ·· 193
9.2.6　密码修改 ··· 194
9.2.7　部门管理 ··· 195
9.2.8　员工管理 ··· 200
9.2.9　启动应用 ··· 207

参考文献 ··· 209

第 1 章

环境搭建与开发入门

本章要点
1. PHP 基础知识。
2. 搭建 PHP Web 的运行环境。
3. 搭建 PHP Web 的开发环境。
4. 开发测试 PHP Web 程序。

学习目标
1. 熟悉 PHP 语言的特点，了解常用的开发工具。
2. 掌握搭建 PhPStudy 运行 PHP Web 应用的环境。
3. 学会创建多站点，通过设置域名和端口访问本机上的网站。
4. 学会使用 VSCode 进行 Web 应用开发和调试。

1.1 PHP 概述与开发环境搭建

PHP（Hypertext Preprocessor，超文本处理器）是一种运行于服务器端、跨平台、HTML 的嵌入式脚本语言。PHP 以其方便快捷的风格、丰富的函数功能和开放的源代码，成为最流行的 Web 应用编程语言之一。本章将针对 PHP 的特点、开发环境以及如何使用 VSCode 开发工具编写 PHP 程序进行讲解。

1.1.1 PHP 语言概述

PHP 由 Ransmus Lerdorf 开发，于 1995 年正式发布，是目前动态网页开发使用最广泛的语言之一。Linux、Apache 和 MySQL 能与 PHP 一起共同组成强大的 Web 应用程序运行平台，简称 LAMP，Windows、Apache、MySQL 和 PHP 结合，组成了 WAMP 平台。

PHP 之所以广受欢迎，是因为它具有很多突出的优势和特点，具体如下。

（1）简单易学：PHP 语法简单且易于理解，对于初学者来说，学习曲线较为平滑。此外，PHP 还有丰富的文档和教程资源，开发人员能快速上手。

（2）开发效率高：PHP 具有丰富的内建函数和库，可直接调用完成许多常用的任务，如表单处理、文件操作、数据库连接等。此外，PHP 还支持面向对象编程，提供了很多有用的特性，如封装、继承、多态等，有助于提高代码的复用性和开发效率。

（3）平台无关性：PHP 不依赖特定的操作系统，可以在多种平台上运行，包括 Windows、Linux、Mac 等，这使 PHP 具有良好的可移植性。不管是在个人计算机上还是在服务器上，都可以轻松部署和运行 PHP 应用程序。

（4）大量的开源项目和支持社区：PHP 在开发人员社区中非常受欢迎，有许多优秀的开源项目可供使用。这些项目可以帮助开发人员高效地解决问题，并且通常具有良好的文档和活跃的社区支持。无论是寻求解决方案还是学习新知识，都可以从社区中受益。

（5）与数据库的良好集成能力：PHP 与多种关系型数据库（如 MySQL、MariaDB、PostgreSQL）以及 NoSQL 数据库（如 MongoDB）具有良好的集成能力。PHP 提供了一系列的函数和类，方便开发人员连接、查询和操作数据库。

总结起来，PHP 具有简单易学、开发效率高、平台无关、大量的开源项目和支持社区、较高的数据库集成能力以及开放性和活跃性等优势和特点，使 PHP 适用于开发各种规模的 Web 项目。

1.1.2 动态网页运行原理

一个完整的 PHP 系统通常由四个部分构成：Web 服务器、PHP 引擎、数据库、客户端浏览器。PHP 动态网页的运行原理如图 1.1 所示。

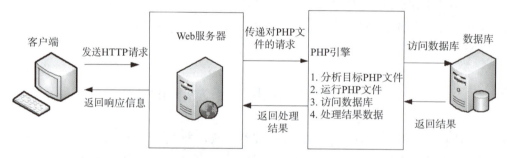

图 1.1　PHP 动态网页的运行原理

PHP 动态网页有其运行原理，通常按照如下步骤处理请求，并予以回应：

（1）由客户端浏览器发出 HTTP 请求。

（2）Web 服务器接收到客户端 HTTP 请求，并对请求进行处理。如果请求的是静态页面（或资源），Web 服务器直接把内容返回给客户端；如果是以 .php 为后缀的动态页面请求，Web 服务器则将请求传递给 PHP 引擎处理。

（3）PHP 引擎分析客户端请求的目标脚本文件，在服务器端进行解释并执行文件，必要时和数据库进行交互处理。

（4）将结果转换成 HTML 代码形式，然后返回给 Web 服务器。

（5）Web 服务器将结果发送至客户端浏览器。

（6）客户端浏览器呈现 HTML 效果。

1.2 搭建 PHP 集成运行环境

PHP 运行环境搭建方式有两种：一种是手工安装配置，即分别安装 PHP、Apache 和 MySQL 软件，然后通过配置整合这三个软件；另一种是使用集成运行环境软件包自动完成安装，集成运行环境软件包将三种软件整合在一起，免去了单独安装配置服务带来的麻烦。在现实中，通常使用集成运行环境软件包来快速实现 PHP 运行环境的搭建。

1.2.1 PHP 集成运行环境软件

目前，比较常用的集成运行环境软件包有 WampServer、AppServ 和 PhPStudy 等，它们都集成了 PHP 软件及 Apache、MySQL 等服务，都是不错的选择。本书则以 PhPStudy 为例，该软件的安装和配置如下所述。

1.2.2 PhPStudy 的安装和配置

1. 安装 PhPStudy

从官网 https://www.xp.cn 下载 PhPStudy 最新的 64 位稳定版，如 PhPStudy 8.1。
具体安装步骤如下所示：

（1）解压缩下载文件 phpstudy_64.zip。

（2）双击运行解压文件夹中的 phpstudy_x64_8.1.1.3.exe 文件，打开如图 1.2 所示界面。然后单击"立即安装"按钮进行安装。

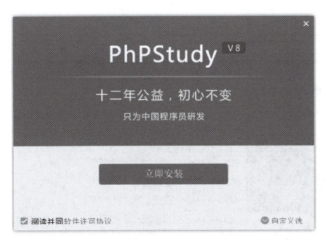

图 1.2　运行 PhPStudy 可执行文件

（3）最后会呈现如图 1.3 所示界面，单击"安装完成"按钮即可。

（4）双击桌面的 phpstudy_pro 图标，打开 PhPStudy 工具，如图 1.4 所示。

显然，PhPStudy 中集成了 Web 服务器 Apache2 和数据库产品 MySQL5。此外，单击左侧"软件管理"菜单项后，如图 1.5 所示，可发现 7.3.4 版本的 PHP 语言也集成在内了。

3

图 1.3　PhPStudy 安装完成

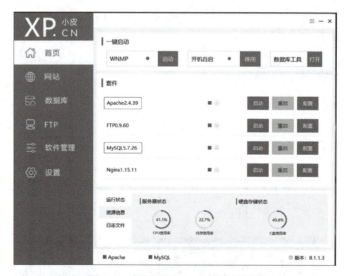

图 1.4　打开 PhPStudy 运行界面

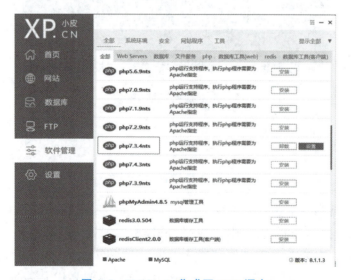

图 1.5　PhPStudy 集成了 PHP 语言

(5) 此外，为便于操作 MySQL 数据库，可安装 SQL Front 软件，如图 1.6 所示，单击"软件管理"，单击 SQL Front 产品的"安装"按钮，完成安装。

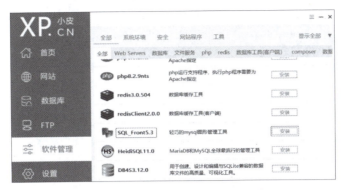

图 1.6　安装 SQL Front 管理工具

安装完毕后，在如图 1.7 所示的界面中，单击右侧的"管理"按钮，就可打开如图 1.8 所示的窗体，单击"打开"按钮后，就可进行数据库的管理了，如图 1.9 所示。

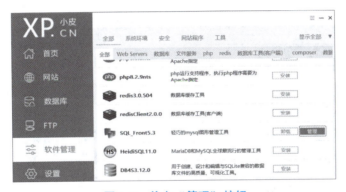

图 1.7　单击"管理"按钮

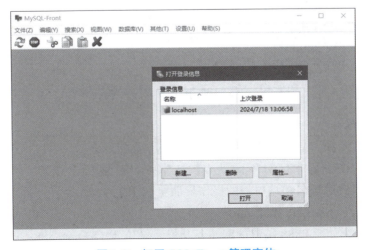

图 1.8　打开 SQL Front 管理窗体

图 1.9　单击"打开"按钮后进入 MySQL 管理窗体

2. 配置 Apache 服务

1) 端口设置

PhPStudy 中的 Apache 服务所用端口号默认为 80,开发时可进行修改,如图 1.10 所示。单击左侧栏中的"首页"菜单项,然后单击 Apache 服务的"配置"按钮,在弹出的如图 1.11 所示 Apache 配置界面中,可将 Apache 端口号修改为其他值,如 8080。当然,还可以设置网站首页、网站目录、错误页面等与项目开发有关的参数。

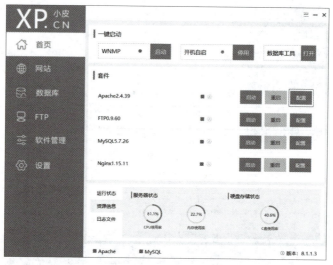

图 1.10　单击 Apache 服务的"配置"按钮

2) 多站点设置

通过虚拟主机设置,Apache 允许在同一台机器上配置多个不同站点。主要通过 IP 地址、域名、端口三个设置来区分不同站点。通常一台计算机上设置一个 IP 地址,因此,PhPStudy 中提供了针对域名和端口号的操作界面,如图 1.12 所示。

① 针对端口设置多站点,操作如下。

如果要创建一个侦听 8888 端口的网站,其根目录位于 C:\test8888,则可单击左侧"网站"菜单项,单击"创建网站"按钮后,在弹出的"网站"窗体中,进行如图 1.13 所示的设置。

图 1.11　Apache 配置界面中修改端口号

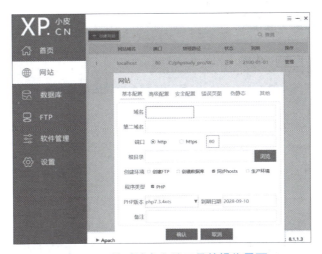

图 1.12　针对域名和端口号的操作界面

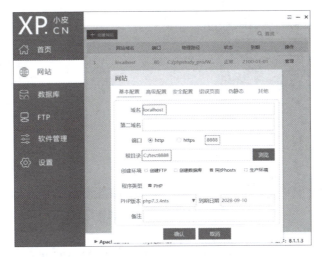

图 1.13　创建网站侦听特定端口及设置指定根目录

在 C:\test8888 目录中添加一个 index.html 文件，写上"欢迎访问 8888 网站"内容，然后浏览器访问 http://localhost:8888 进行测试，若返回如图 1.14 所示网站首页，说明设置成功。

图 1.14　浏览器访问新建网站首页

此时在 PhPStudy 中可观察到，Apache 管理着两个相同域名（localhost）的网站，一个端口为 80，另一个端口为 8888。因为端口号不同，可被区分为两个网站分别进行处理，如图 1.15 所示。

图 1.15　Apache 管理着两个相同域名的网站

② 针对域名设置多站点，操作如下。

创建一个域名为 www.my.vip 且侦听 8888 端口的 Web 应用，其根目录位于 C:\my8888。单击左侧"网站"菜单项，单击"创建网站"按钮后，在弹出的"网站"窗体中，进行如图 1.16 所示的设置。

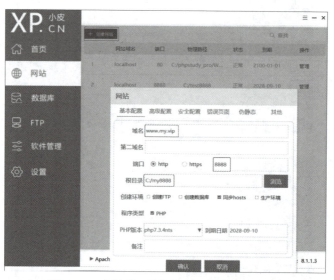

图 1.16　为网站设置指定域名和特定端口号

设置 www.my.vip 到本地主机的解析：打开 C:\Windows\System32\drivers\etc 下的 hosts 文件，加上"127.0.0.1 www.my.vip"行，完成 www.my.vip 到本地主机的映射。注意，以

上开发环境中可简单通过 hosts 文件进行本机解析，但在实际生产环境中通常需要配置 DNS（Domain Name System）服务进行域名解析。

在 C:\my8888 目录中添加一个 index.html 文件，写上"欢迎访问我的 8888 网站"内容，然后使用浏览器访问 http://www.my.vip:8888 进行测试，若返回如图 1.17 所示界面，说明设置成功。

图 1.17　浏览器访问新建网站首页

此时在 PhPStudy 中可观察到，Apache 管理着两个相同端口号（8888）的网站，如图 1.18 所示。但是因为域名不同，一个域名为 localhost，另一个域名为 www.my.vip，可被区分为两个网站进行分别处理。

图 1.18　Apache 管理着两个相同端口的网站

3. 配置 MySQL 服务

在 PhPStudy 中，集成的 MySQL 服务的端口号默认为 3306，可对此进行修改，如图 1.19 所示。单击左侧栏"首页"菜单项，然后单击 MySQL 服务的"配置"按钮，弹出如图 1.20 所示的"MySQL 设置"界面，可将 MySQL 端口号修改为其他值，如 3366。当然，也可以设置 MySQL 默认使用的字符集等与项目开发有关的参数。

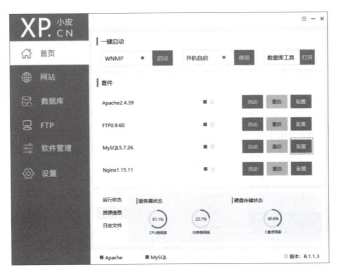

图 1.19　单击 MySQL 服务的"配置"按钮

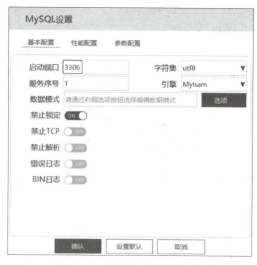

图 1.20 "MySQL 设置"界面中可修改端口号

MySQL 默认密码为 root，可修改为其他值。单击左侧"首页"菜单项，单击 MySQL 的"启动"按钮，如图 1.21 所示。

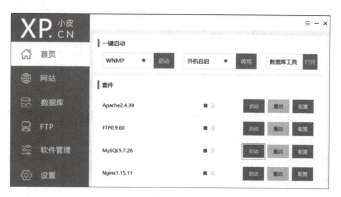

图 1.21 单击"启动"按钮启动 MySQL 服务

然后单击左侧"数据库"菜单项，在"操作"下拉框中单击"修改密码"选项，如图 1.22 所示。接着，在如图 1.23 所示的"修改密码"弹出框中输入 root 账号的新密码即可。

图 1.22 单击 MySQL"修改密码"选项

图 1.23　在弹出框中输入 root 账号的新密码

4. 配置 PHP 语言

在 PhPStudy 中配置 PHP 语言的方法是：单击左侧"设置"菜单项，单击"配置文件"选项卡，单击"php.ini"项，双击"php7.3.4nts"，打开 PHP 配置文件 php.ini，在该文件中可增、删相关配置，如图 1.24 所示。

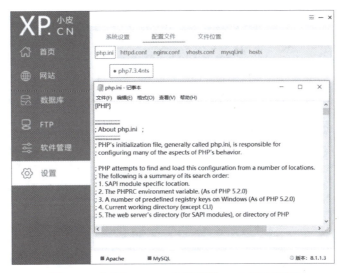

图 1.24　打开 php.ini 文件配置 PHP 语言选项

1.3　PHP 集成开发工具

PHP 的集成开发工具很多，如 PhPStorm、Visual Studio Code、Sublime Text 等。在开发过程中，一款好的工具可以使编码过程更加轻松、有效和快捷，可达到事半功倍的效果。

Visual Studio Code 简称 VSCode，是微软公司提供的一个免费的、开源的、跨平台的集成开发工具。只需下载、安装、启动即可获得 VSCode 所有可用功能，几乎不需要初始设置或设置，非常适合初学者。为此，本书建议安装和使用 VSCode。

1.3.1　安装 VSCode

在 VSCode 官网（https://code.visualstudio.com/）下载最新 VSCode 稳定版。双击下载文件（如 VSCodeUserSetup-x64-1.82.0.exe），然后按照如下步骤进行 VSCode 安装。

(1) 在弹出界面中，单击"我同意此协议"，单击"下一步"按钮，如图 1.25 所示。

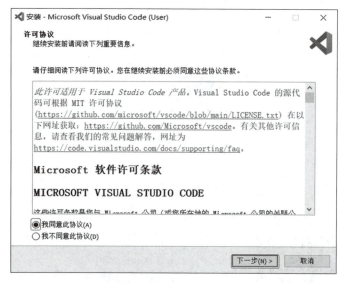

图 1.25　同意 VSCode 安装协议

(2) 设置 VSCode 安装路径，然后单击"下一步"按钮，如图 1.26 所示。

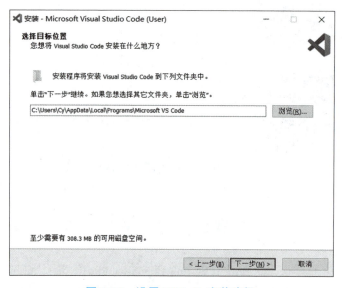

图 1.26　设置 VSCode 安装路径

(3) 设置何处放置 VSCode 程序快捷方式，可保持默认值，单击"下一步"按钮，如图 1.27 所示。

(4) 询问是否安装附加功能，同样可保留设置，单击"下一步"按钮，如图 1.28 所示。

(5) 经过以上设置后，单击"安装"按钮，进入正式安装步骤，如图 1.29 所示。

(6) 最后出现如图 1.30 所示安装完成界面，单击"完成"按钮结束 VSCode 安装。

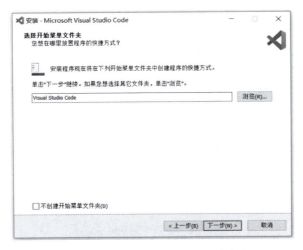

图 1.27　设置 VSCode 程序快捷方式

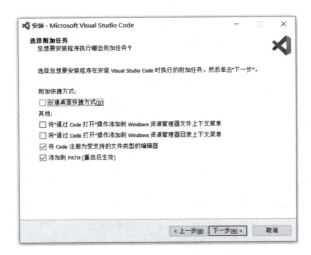

图 1.28　安装 VSCode 附加功能

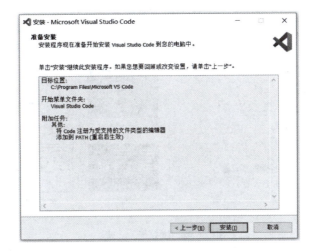

图 1.29　进入正式安装步骤

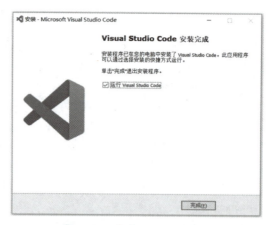

图 1.30　完成 VSCode 安装

（7）完成安装后，自动启动 VSCode，如图 1.31 所示。

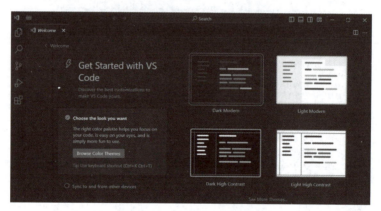

图 1.31　VSCode 自动启动

（8）可修改默认主题色彩。单击"File"→"Preferences"→"Theme"→"Color Theme"项，然后选择一个喜欢的主题色彩，如 Light（Visual Studio），最终效果如图 1.32 所示。

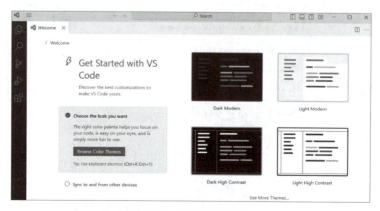

图 1.32　修改主题色彩

（9）为便于开发，建议在桌面上创建 VSCode 快捷方式。

1.3.2 设置 PHP 开发环境

配合 PhPStudy，可将 VSCode 设置为一个优秀的 PHP 开发环境。过程如下所示：

（1）单击 PhPStudy 左侧"软件管理"菜单项，单击集成 PHP 的"设置"按钮，在弹出的"PHP 设置"窗体中打开"XDebug 调试组件"功能，勾选"Profiler"和"Trace"选项，最后单击"确认"按钮，如图 1.33 所示。

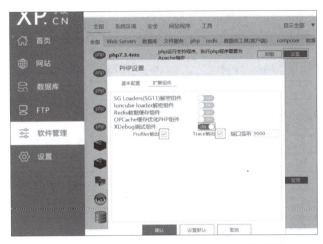

图 1.33　设置 PHP 的 XDebug 调试组件功能

（2）单击左侧"首页"菜单项，分别单击 MySQL 和 Apache 两个服务的"启动"按钮，如图 1.34 所示。

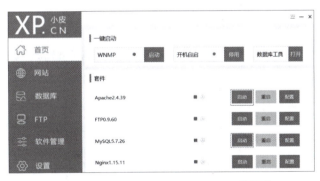

图 1.34　启动 MySQL 和 Apache 两个服务

（3）打开 VSCode 开发环境，单击左侧"扩展"项，输入 php debug，找到 XDebug（PHP 程序调试器）后，单击"Install"按钮，如图 1.35 所示。

（4）单击左侧"扩展"项，输入 php intelligense，找到 PHP Intelligense（PHP 代码智能提示等功能）后，单击"Install"按钮，如图 1.36 所示。

（5）单击左侧"设置"项，选择"配置文件"选项卡，单击"php.init"选项，双击"php7.3.4nts"按钮，在弹出的文件中找到［Xdebug］区块，将参数 xdegbug.remote_enable 值改为 On，并加上 xdebug.remote_autostart=On 参数，如图 1.37 所示。

图 1.35　找到并安装 XDebug 扩展

图 1.36　找到并安装 PHP Intelligense 扩展

图 1.37　设置 Xdegbug 两个参数值为 On

（6）单击"File"菜单→"Preferences"→"Settings"选项，在打开的窗体左侧单击"PHP Debug"选项，在窗体右侧单击"Edit in Settings.json"链接，如图 1.38 所示。

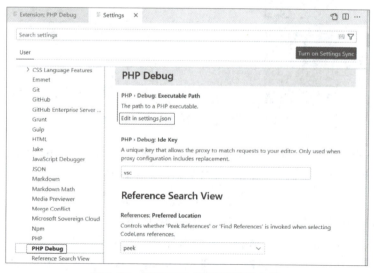

图 1.38　打开 PHP 调试的配置文件

（7）在 settings.json 文件中，设置 php.debug.executablePath 的值为 PHP 执行文件所在路径，如图 1.39 所示。

图 1.39　设置 php.debug.executablePath 值

（8）打开计算机的"控制面板"，单击"系统"，单击"高级系统设置"，单击"环境变量"，然后将 PHP 安装路径加入 PATH 环境变量中，如图 1.40 所示。

图 1.40　将 PHP 安装路径加入 PATH 环境变量中

至此，完成了运行环境 PhPStudy 和集成开发环境 VSCode 的安装与配置。接着可开发一个 PHP Web 简单项目，进行环境测试了。

1.3.3　测试开发和运行环境

运行 VSCode 开发工具，单击 File 菜单，单击 Open Folder 选项，选择文件夹为 localhost，默认网站所在目录设置为 C:\phpstudy_pro\WWW。

单击"新增文件"按钮，输入 index.php 文件名（PHP 网站首页文件），然后编写代码访问 MySQL 数据库和显示 PHP 配置信息，如图 1.41 所示。

使用浏览器访问 http://localhost，如果返回如图 1.42 所示结果，则说明 PHP 开发和运行环境配置成功。

图 1.41　创建 PHP 文件并编写测试代码

图 1.42　浏览器访问网站返回响应结果

接下来在 VSCode 中测试项目的调试功能。

单击 VSCode 左侧"调试"按钮，单击"create a launch.json file"（创建测试启动文件）链接，如图 1.43 所示。接着在打开的 launch.json 文件中，把 9003 端口改成 PHP 配置文件里一样的 9000 端口，如图 1.44 所示。

图 1.43　单击链接创建测试启动文件

图 1.44　端口号修改为与 php.ini 中配置一致

在 PHP 文件中设置断点，然后单击"Run"菜单，单击"Start Debugging"（或按 F5

键),开启调试。在浏览器中访问 PHP 文件,出现如图 1.45 所示的调试界面。

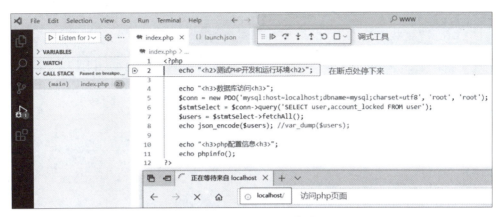

图 1.45 项目进入调试界面

单击调试工具中的"下一步"按钮,就可进行单步调试了。当然,也可以使用调试的其他功能,如 Add to Watch(加入监控)、Evaluate in Debug Console(在测试控制台显示计算结果)等。

思考与练习

1. 安装和配置 PhPStudy 运行环境。

基本要求为:在 PhPStudy 中,可启动 Apache2、MySQL5 两个服务,能用 SQL Front 5 连接至 MySQL 服务,可编写简单 PHP 页面并能在浏览器中正常显示。

2. 安装和配置 VSCode 开发环境。

基本要求为:在 VSCode 中打开 PHP 文件,按 F5 键后,浏览器访问该 PHP 文件时,可对文件中的代码进行单步调试。

3. 创建站点。

基本要求为:使用 PhPStudy 设置一个域名为 localhost 且侦听 8088 端口的站点,其主目录为 c:\abc。使用 VSCode 创建站点首页 index.php,输出 phpinfo( ) 函数结果,并用浏览器进行测试站点的首页。

第 2 章

PHP 语言基础

本章要点

1. PHP 语法入门。
2. 变量、常量、数据类型和运算符。
3. PHP 分支和循环语句。
4. PHP 内建和自定义函数。

学习目标

1. 掌握变量、常量定义和使用。
2. 熟悉数据分类。
3. 掌握常见运算符的使用。
4. 掌握各种分支和循环语句的使用。
5. 掌握项目开发中常用的内置函数，并能根据需求自定义函数。

2.1 PHP 语法入门

要熟练掌握使用 PHP 语言开发 Web 网站的方法，必须先掌握 PHP 语言的基本语法。

2.1.1 基础代码规则

PHP 代码通常嵌入 HTML 代码中，完成页面动态化效果。为了更好地识别代码，PHP 有如下一些基本的语法规则需要遵守。

（1）PHP 文件以 .php 后缀来标识。

编辑完的 PHP 源代码文件，其扩展名必须是 .php，这样才能转交 PHP 引擎来处理，否则，会作为静态资源直接由 Web 服务器（如 Apache）直接返回。

（2）PHP 程序以 "<?php" 标记为开始，以 "?>" 标记为结束。

用 PHP 标记括起来的部分，被解释为 PHP 代码，而括号之外的内容则被认为是 HTML。PHP 一共有四种标记方式，其中，"<?php" 和 "?>" 是标准标记，另外，也经常用简化方式 "<?" 和 "?>" 进行标记。

（3）PHP 语句以";"结束。

PHP 解释器使用分号来识别每条语句的结束。如果没有分号，PHP 解释器则无法正确地处理代码，会产生各种错误信息。

（4）语句由合法函数、数据、表达式等组成。

语句通常按照语法规则，由合法的函数、数据、表达式等组成。语句一般用于执行特定的操作或完成特定的任务，常见的语句包括赋值语句、条件语句、循环语句等。

（5）可通过 echo、print、print_r、var_dump 等语句输出信息。

echo 语句用于输出，可将紧跟其后的字符串、变量、常量的值显示在页面中。此外，还可以使用 print() 函数输出数据。注意：echo 是语句，而 print() 是函数。print() 只能打印出简单类型变量的值，而 echo 能够输出一个或者多个值。因为 echo 无须返回值，大多时候使用 echo 语句进行输出。使用 echo 时，还可以使用"."连接字符串或者使用","输出多个字符串。另外，print_r() 和 var_dump() 函数可用于打印出复杂类型（如数组、对象）变量的值。

此外，值得注意的是，对于表达式值的输出，通常使用简洁的<?=表达式>形式。

（6）可对代码进行单行或多行注释。

PHP 中可使用"//"进行单行注释，使用"/*"和"*/"进行多行注释。

【示例 2.1】 显示服务器所在时区和当前时间。

核心代码编写如下：

```
1.  <?php
2.    <table>
3.      <tr>
4.        <td>所在时区</td>
5.        <td><?= date_default_timezone_get() ?></td>
6.      </tr>
7.      <tr>
8.        <td>当前时间</td>
9.        <td><? echo date('Y-m-d H:i:s') ?></td>
10.     </tr>
11.   </table>
12. ?>
```

从以上整体代码来看，HTML 代码中使用"<?php"和"?>"标记嵌入 PHP 代码。

第 5 行，调用 date_default_timezone_get() 函数输出了服务器所在的当前时区。相对应的，date_default_timezone_set() 函数则用户设置默认时区，如 date_default_timezone_set("Asia/Shanghai") 设置默认时区为"亚洲上海"。

第 9 行，调用 date('Y-m-d H:i:s') 函数，以指定格式输出了服务器的当前时间。日期指定格式用特定字符来表示，其中常用字符有：

Y-显年份（四位）。

m-显示月份（01~12）

d-表示月里的某天（01~31）。

h-显示带有首位零的 12 小时格式。

i-带有首位零的分钟。

s-带有首位零的秒（00~59）。

a-小写的午前和午后（am 或 pm）。

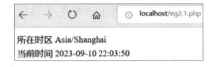

图 2.1　访问页面输出了时区和当前时间

注意，第 9 行，也可以用更简洁的表达式方式输出，如<?= date('Y-m-d H:i:s') ?>。

浏览器访问页面文件，输出了时区和当前时间，如图 2.1 所示。

【示例 2.2】注解和同时输出多个值。

代码如下所示：

```
1.   <?php
2.      /*
3.      echo 是语句，无返回值。
4.      print()是函数，函数可以有返回值。
5.      */
6.      // 使用"."连接字符串或者使用","输出多个值
7.      echo "所在时区: ", date_default_timezone_get(),"<br>";
8.      print("当前时间: ". date('Y-m-d H:i:s'));
9.   ?>
```

第 2~5 行，用/*和*/实施了一个多行注释；第 6 行，用//实施了一个单行注释。

第 7 行，date_default_timezone_get()用于获取默认时区。注意，此处 2 个内容之间用逗号","分割。

第 8 行，date('Y-m-d H:i:s')函数用于获取当前时间，并以指定格式进行输出。注意，此处 2 个内容之间用点号"."连接。

输出结果为：

```
所在时区: Asia/Shanghai
当前时间: 2023-09-10 23:44:42
```

2.1.2　PHP 变量

变量可看成存储信息的"容器"，与代数类似，用字符（如 $x、$y 等）代表变量，然后给它赋值（如 3、4），并通常组成表达式（如 $z= $x+ $y）。

【示例 2.3】变量的使用。

```
1.   <?php
2.   $x=3; $y=4;
3.   $z = $x + $y;
4.   echo $z; //7
5.   ?>
```

第 2~3 行写法并不会出错。可注意到，PHP 是一门弱类型语言，即不必声明变量的数

据类型，PHP 会根据变量的值，自动将变量转化为正确的数据类型。

1. PHP 变量规则

（1）变量以 $ 符号开始，后面为变量名。

（2）变量名必须以字母或者下划线字符开始。

（3）变量名只能包含字母、数字以及下划线。

（4）变量名是区分大小写的，如 $name 和 $Name 是两个不同的变量。

（5）变量名建议使用更具描述性的名称，如 $name、$age、$totalIncome 等。

2. 变量的作用域

变量作用域是代码中变量可被引用的范围。PHP 有四种不同变量作用域：局部（Local）、全局（Global）、静态（Static）、参数（Parameter），分别对应着局部变量、全局变量、静态变量和参数变量。

（1）局部变量：在 PHP 函数内部声明的变量是局部变量，仅能在函数内部被访问。

（2）全局变量：函数外部定义的变量，拥有全局作用域。全局变量可以在代码中的任何部分访问。

【示例 2.4】全局变量和局部变量的使用。

代码如下：

```
1.  <?php
2.  $x=4;                          //全局变量
3.  function test(){
4.      $y=3;                      //局部变量
5.      echo "x = $x <br>";        //无法直接访问全局变量
6.      global $x;                 //global 声明全局变量后，下方可访问到全局变量
7.      echo "x = $x <br>";        //4
8.      echo "y = $y <br>";        //3
9.  }
10. test();
11. echo "y = $y <br>";
12. ?>
```

第 2 行，$x 变量在函数外声明，因此是全局变量。test() 函数中可以访问全局变量，但访问前需要用 global 关键字声明，为此，第 5 行 $x 无法访问，而经过第 6 行用 global 声明后，在第 7 行就可访问 $x 了。

第 4 行，$y 变量在 test() 函数中声明，因此是局部变量。为此，在函数中（第 8 行），$y 可被访问。然而，在函数外（第 11 行），$y 作为局部变量不可访问。

运行效果如下所示：

x =
x = 4
y = 3
y =

（3）静态变量：当函数执行结束后，其内局部变量会被消除。然而，有时候希望将局

部变量值保持下来，此时可将变量声明为 static，成为静态变量。

【示例 2.5】静态变量的使用。

```
1.   <?php
2.   function test1(){
3.       $x=0;
4.       echo ++$x. "<br>";            // 1 1
5.   }
6.   test1();
7.   test1();
8.   function test2(){
9.       static $x=0;
10.      echo ++$x. "<br>";            // 1 2
11.  }
12.  test2();
13.  test2();
14.  ?>
```

第 2~5 行，函数 test1( ) 中的 $x 变量为局部变量，因此，第 7 行第二次调用 test1( ) 函数的 $x 变量结果还是 1。

第 8~11 行，使用 static 关键字将函数 test2( ) 中的 $x 变量设置为静态变量，因此，$x 变量值会被保留，第 13 行第二次调用 test2( ) 函数时，$x 变量结果会变为 2。

输出结果为：

```
1
1
1
2
```

（4）参数变量：是在函数参数列表中声明的变量，是将值传递给函数的特殊局部变量。

【示例 2.6】参数变量的使用。

```
1.   <?php
2.   function add($a, $b){
3.       return $a + $b;
4.   }
5.   echo add(3,4);
6.   ?>
```

第 2 行，add( ) 函数中的两个变量 $a 和 $b 为参数变量，仅在 add( ) 函数中可被访问。

输出结果为：

```
7
```

2.1.3 PHP 数据类型

PHP 变量可以存储不同类型的数据，包括 String（字符串）、Integer（整型）、Float（浮点型）、Boolean（布尔型）、Array（数组）、Object（对象）、NULL（空值）和 Resource（资

源类型)。

1. 字符串类型

字符串类型是一串字符的序列，可以将字符串放在单引号和双引号中。

【示例 2.7】字符串放置于单引号和双引号中。

```
$name = 'Ada';
$alias = "阿黛";
```

需要注意的是，双引号中的变量名会自动替换成变量的值，而单引号中包含的变量名则会按普通字符串输出。

【示例 2.8】双引号中的变量名会替换成变量值。

```
$name = 'Ada';
echo "你好,$name <br>";
echo '你好,$name <br>';
```

输出结果为：

```
你好,Ada
你好,$name
```

PHP 的字符串中可以使用转义符 \(反斜杠)，代表特殊的字符。常用的转义字符如下所示：

\\", 代表双引号。

\\', 代表单引号。

\\$, 代表字符$。

\\\\, 代表反斜线。

\\n, 代表换行符。

\\t, 代表制表符。

\\r, 代表回车符。

示例代码如下：

```
echo "\"欢迎大家的到来\"";
```

输出结果为：

```
"欢迎大家的到来"
```

2. 整数类型

整数类型是一个没有小数的数字，可以是正数或负数。可以用十进制、十六进制（以 0x 或 0X 为前缀）或八进制（前缀为 0）来表示。代码示例如下：

```
$x = 10;
$x = -10;              //负数
$x = 0xa;              //十六进制数
$x = 012;              //八进制数
```

3. 浮点数类型

浮点数是带小数部分的数字，可以使用指数形式表示。示例代码如下：

```
$x = 123.45;
$x = 1.2345e2;
```

e 可写成大写 E，代表乘以 10 的多少次方。如第 2 行中，1.2345e2 代表 1.2345 乘以 10 的 2 次方，实际值为 123.45。

4. 布尔类型

布尔类型值为 true 或 false，通常用于条件判断场景。示例代码如下：

```
$isChild = true;
$isMale = false;
$isBoy = $isChild && $isMale;
echo $isBoy;
```

输出结果为：

注意，在页面中若是输出 false 值，是不会显示的。

5. 数组类型

数组用于存储多个值。在 PHP 中，有三种数组类型：索引数组、关联数组、多维数组。

1) 索引数组

索引数组是带有数字索引的数组。索引是从 0 开始，自动分配的。

【示例 2.9】 索引数组的使用。

```
1.  $students=array("Ada","Bob","Cindy");         // 或 ["Ada","Bob","Cindy"]
2.  print_r($students); echo '<br>';              //Array ( [0] => Ada [1] => Bob [2] => Cindy )
3.  $students[0]='Adams';
4.  print_r($students); echo '<br>';              //Array ( [0] => Adams [1] => Bob [2] => Cindy )
```

输出结果为：

```
Array ( [0] => Ada [1] => Bob [2] => Cindy )
Array ( [0] => Adams [1] => Bob [2] => Cindy )
```

2) 关联数组

关联数组是指带有指定键的数组。

【示例 2.10】 关联数组的使用。

```
1.  $emps=array("E001"=>"Ada","E002"=>"Bob");
2.  print_r($emps); echo '<br>';                  //Array ( [E001] => Ada [E002] => Bob )
3.  $emps['E001']='Adams';
4.  print_r($emps); echo '<br>';                  //Array ( [E001] => Adams [E002] => Bob )
```

输出结果为：

Array ([E001] => Ada [E002] => Bob)
Array ([E001] => Adams [E002] => Bob)

3) 多维数组

多维数组是指两维或两维以上的数组。多维数组的定义和一维数组类似，不同的是，数组元素也为数组。因此，多维数组可看成数组的数组。

【示例2.11】多维数组的使用。

1. $ary2d = [[66,72,81],
2.   [77,83],];
3. print_r($ary2d[0]); echo '<br>';   //Array ([0] => 66 [1] => 72 [2] => 81) 3
4. echo count($ary2d[0]); echo '<br>';
5. echo $ary2d[0][1]; echo '<br>';

注意，第3行中，元素 $ary2d[0] 的值是一个一维数组。

输出结果为：

Array ([0] => 66 [1] => 72 [2] => 81)
3
72

6. 对象类型

对象数据类型也可以存储多个数据。在 PHP 中，必须先用 class 关键字定义包含属性和方法的类结构（简称类）。然后通过实例化类，创建出对象。

【示例2.12】定义类结构并创建出对象。

1. class Student {   //定义类
2.   var $name, $age;
3.   function __construct($name,$age) {
4. $this->name = $name;
5. $this->age = $age;
6.   }
7. }
8. $ada = new Student("Ada",18);   //实例一个对象
9. foreach (get_object_vars($ada) as $prop => $val) {
10.   echo "$prop: $val
";
11. }

输出结果为：

name: Ada
age: 18

7. 空值类型

空值用 null 值表示，代表对应的变量没有值。通常设置 null 来清空变量数据。示例代码如下：

```
$x = null;
var_dump($x);
```

注意，小写 null 也可写成大写 NULL，两者没有区别。

8. 资源类型

资源变量用于保存外部资源的一个引用。常见资源数据类型有打开文件、数据库连接等。使用 get_resource_type($handle) 函数返回资源类型。示例代码如下：

```
$file = fopen("C:\\my8888\\index.html","w");
echo get_resource_type($file). "<br>";                // stream
```

9. 类型判断

PHP 内置了一系列检测数据类型的函数，是则返回 true，否则返回 false。具体的函数如下：

（1）is_bool()，检查变量是否是布尔型。
（2）is_string()，检查变量是否是字符串型。
（3）is_float()或 is_double()，检查变量是否是浮点型。
（4）is_integer()或 is_int()，检查变量是否是整数。
（5）is_null()，检查变量是否为 null。
（6）is_array()，检查变量是否是数组类型。
（7）is_object()，检查变量是否是对象类型。
（8）is_numeric()，检查变量是否是数字或由数字组成的字符串。

【示例 2.13】检测数组中每个元素是否为 numeric（数值）类型。

```
1.   $ary = [ "","1",2,03,0x4,0b101,6E2,"6e2",7.1,"str",null ];
2.   foreach($ary as $el){
3.       if(is_numeric($el)){
4.           echo $el. "是 numeric(数值)", '<br>';
5.       }else{
6.           echo $el. "不是 numeric(数值)",'<br>';
7.       }
8.   }
```

输出结果为：

不是 numeric(数值)
1 是 numeric(数值)
2 是 numeric(数值)
3 是 numeric(数值)
4 是 numeric(数值)
5 是 numeric(数值)
600 是 numeric(数值)
6e2 是 numeric(数值)
7.1 是 numeric(数值)
str 不是 numeric(数值)
不是 numeric(数值)

2.1.4 PHP 常量

常量的值是不能被改变的。常量由英文字母、下划线和数字组成,但数字不能作为首字母出现。常量名前不允许加 $ 修饰符。常量名通常大写表示。

【示例 2.14】定义常量。

1. define("PI",3.14);
2. echo PI;
3. const PIE=3.142;   //$不能加
4. //PIE=3.14159;   //不允许改值
5. echo PIE;

定义常量有两种方式:一种是用 define( ) 函数来定义,如第 1 行所示,定义了常量 PI;另一种是从 const 关键字声明,如第 3 行所示,定义了常量 PIE。常量名前不允许加 $ 修饰符,所以第 3 行的常量 PIE 不能写成 $PIE。常量不可改值,因此第 4 行的改值操作会报错。

常量默认是全局的,可以在代码任何位置使用。即便常量定义在函数外,也可以正常使用常量。

【示例 2.15】常量可在任何位置使用。

1. define("PI2", 3.14);
2. const PIE2=3.142;
3. function test3() {
4.   echo PI2, PIE2;   //3.14 3.142
5. }
6. test3();

第 4 行,函数内直接调用函数外定义的两个常量没有问题,而全局变量在函数中需用 global 关键字声明后才能访问(参考示例 2.4)。

2.1.5 数据类型转换

PHP 中,对两个变量进行操作时,若数据类型不同,则需要先对其进行数据类型转换。数据类型转换分为自动类型转换和强制类型转换。

1. 自动类型转换

自动类型转换,指的是根据变量在上下文中的关系,将变量类型自动转换为合适的类型。两种不同类型的数据在自动转换时,遵循的原则是小类型(或低精度)往大类型(或高精度)转换。

常见的自动类型转换规则有:

(1)布尔型数据和数值类型数据在进行算术运算时,true 被转换为整数 1,false 被转换为 0。

(2)字符串类型数据和数值类型数据在进行算术运算时,如果字符串以数字开头,将被转换为相应的数字;如果字符串不以数字开头,则转换为 0。

(3)进行字符串连接运算时,整数、浮点数将被转换为字符串类型数据,布尔值 true 将被转换为字符串"1",布尔值 false 和 null 将被转换为空字符串""。

（4）在进行逻辑运算时，整数0、浮点0.0、空字符串" "、字符串"0"、null 都被转换为布尔值 false，其他数据将被转换为布尔值 true。

【示例 2.16】 PHP 数据类型自动转换。

```
1.  echo ("3a" + "b4"). '<br>';                  //3 + 0
2.  echo (0 || 0.0 || "" || "0" || null). '<br>'; //不显示,都为 false,false 输出为空字符串
3.  echo (true + false). '<br>';                 //1 + 0
```

第 1 行，进行算术加法操作时，字符串"3a"的数字开头值被解析出来，转换为整数 3，然后参与加法操作；而字符串"b4"开头为非数值，被转换为整数 0 参与加法运算。

第 2 行，逻辑运算时，0、0.0、" "、"0"、null 都被转换为 false。

第 3 行，算术运算时，true 转换为 1、false 转换为 0。

输出结果为：

```
3

1
```

2. 强制类型转换

强制类型转换，指在需要转换数据或变量之前，显式加上用小括号括起来的目标类型标识符，以保证程序的正确性和可靠性。

常见的强制类型转换如下所示：

（int），将一个变量转换为整数类型。

（float），将一个变量转换为浮点数类型。

（string），将一个变量转换为字符串类型。

（array），将一个变量转换为数组类型。

（object），将一个变量转换为对象类型。

【示例 2.17】 PHP 数据类型强制转换。

```
1.  $weight=72.3;
2.  echo (int)$weight. '<br>';                   //72。(int)强制转换为整数
3.  $height=175;
4.  $f_height=(float)$height;
5.  echo gettype($f_height). '<br>';             //double。(float)强制转换为浮点数
6.  $arr=array(1=>'Ada',2=>'Bob');
7.  $obj=(object)$arr;
8.  print_r($obj);    echo '<br>';               //stdClass Object（[1] => Ada [2] => Bob）
9.  $arr2=(array)$obj;
10. print_r($arr2);   echo '<br>';               //Array（[1] => Ada [2] => Bob）
```

输出结果为：

```
72
double
stdClass Object（[1] => Ada [2] => Bob）
Array（[1] => Ada [2] => Bob）
```

2.1.6 PHP 运算符

PHP 的运算符由算术运算符、赋值运算符、字符串运算符、关系运算符和逻辑运算符等组成。

1. 算术运算符

主要的算术运算符有+（加）、-（减）、*（乘）、/（除）、%（取模）。在进行四则混合运算时，运算顺序要遵循数学中的"先乘除后加减"的原则，而取模运算和乘除优先级相同。

【示例 2.18】PHP 算术运算符的使用。

```
1.  $x=5;
2.  $y=3;
3.  echo ($x + $y).'<br>';         //8
4.  echo ($x - $y).'<br>';         //2
5.  echo ($x * $y).'<br>';         //15
6.  echo ($x / $y).'<br>';         //1.6666666666667
7.  echo ($x % $y).'<br>';         //2
```

输出结果为：

```
8
2
15
1.6666666666667
2
```

2. 赋值运算符

基础的赋值运算符是"=",另外，还有组合式的赋值运算符，如+=（加等于）、-=（减等于）、*=（乘等于）、/=（除等于）、%=（模等于）。

【示例 2.19】PHP 赋值运算符的使用。

```
1.  $a=1;
2.  $a += 2; echo $a.'<br>';       //3
3.  $b=2;
4.  $b -=1; echo $b.'<br>';        //1
5.  $c=3;
6.  $c *= 2; echo $c.'<br>';       //6
7.  $d=4;
8.  $d /= 2; echo $d.'<br>';       //2
9.  $e=5;
10. $e % = 3; echo $e.'<br>';      //2
```

组合式的赋值运算符的作用是，先将左、右两个操作数进行某种运算，然后将运算结果赋给左边变量。例如，第 2 行的表达式 $a += 2，先将 $a 和 2 进行相加，然后将结果 3 赋给变量 $a。

输出结果为：

```
3
1
6
2
2
```

3. 字符串运算符

字符串运算符主要有.（串接运算）和.=（串接赋值）两种。

【示例2.20】PHP字符串运算符的使用。

```
1.  echo "Hello". " ". "World". "<br>";       //串接
2.  $s="Hello";
3.  $s . = " World";                          //串接赋值
4.  echo $s. " <br>";
```

输出结果为：

```
Hello World
Hello World
```

4. 递增、递减运算符

递增代表有前缀++和后缀++两种，同样，递减代表有前缀--和后缀--两种。

递增、递减运算符的作用是在运算结束前（前置自增自减运算符）或后（后置自增自减运算符）将变量的值加（或减）1。相较于+=和-=运算符，递增、递减运算符更加简洁。

【示例2.21】PHP递增、递减运算符的使用。

```
1.  $var=1;
2.  echo ++$var ."<br>";        // 2
3.  $var=1;
4.  echo $var++ ."<br>";        // 1
5.  $var=1;
6.  echo --$var ."<br>";        // 0
7.  $var=1;
8.  echo $var-- ."<br>";        // 1
```

输出结果为：

```
2
1
0
1
```

5. 关系运算符

关系运算符又称比较操作符，用于比较两个操作数的值。关系运算符主要有==（等于）、===（完全相同）、!=或<>（不等于）、!==（完全不同）、>（大于）、<（小于）、>=（大于或等于）、<=（小于或等于）。

【示例 2.22】PHP 关系运算符的使用。

```
1.   $x=1;
2.   $y="1";
3.   echo ($x == $y). "<br>";              //1
4.   echo ($x === $y). "<br>";             //类型不等,所以结果为 false,不显示
5.   echo ($x != $y). "<br>";              //不显示
6.   echo ($x !== $y). "<br>";             //1
7.   $a=3;
8.   $b=4;
9.   echo($a > $b). "<br>";                //不显示
10.  echo($a < $b). "<br>";                //1
```

输出结果为：

1

1

1

6. 逻辑运算符

逻辑运算符用于逻辑判断，其返回值为布尔类型（true 或 false）。逻辑运算符主要有 and 或 &&（与）、or 或 ||（或）、xor（异或）、!（非）。

【示例 2.23】PHP 逻辑运算符的使用。

```
1.   $x=2; $y=3;
2.   echo ($x<1 and $y>1). "<br>";         //false,无显示
3.   echo ($x<1 && $y>1). "<br>";          //同上
4.   echo ($x==4 or $y>1). "<br>";         //true,显示 1
5.   echo ($x==4 || $y>1). "<br>";         //同上,1
6.   echo ($x<1 xor $y>1). "<br>";         //两边相同值返回 false,不同值返回真。显示 1
7.   echo !($x==$y). "<br>";               //1
```

第 6 行，xor 操作在现实开发中使用较少，当两边操作数值不同时，返回为真，否则，返回为假。

输出结果为：

1
1
1
1

7. 数组运算符

针对数组操作，常见运算符有+（合并）、==（相同）、===（完全相同）、!=或<>（不相同）、!==（完全不同）。

【示例2.24】PHP 数组运算符的使用。

```
1.  $x = array(0=>"red", 1=>"green", 2=>"blue");
2.  $y = array(0=>"红色", 1=>"green", 3=>"yellow");
3.  print_r($x + $y,);    echo "<br>";       //Array ( [0] => red [1] => green [2] => blue [3] => yellow )
4.  print_r($x == $y);    echo "<br>";
5.  print_r($x === $y);   echo "<br>";
6.  print_r($x != $y);    echo "<br>";       //1
7.  print_r($x <> $y);    echo "<br>";       //1
8.  print_r($x !== $y);   echo "<br>";       //1
```

输出结果为：

```
Array ( [0] => red [1] => green [2] => blue [3] => yellow )


1
1
1
```

8. 条件运算符

条件运算符用"?:"来表示，是唯一的三元运算符。其语法格式为：

(表达式1) ? 表达式2 : 表达式3

当表达式1值为 true 时，返回表达式2的值；否则，返回表达式3的值。

【示例2.25】PHP 条件运算符的使用。

```
1.  $name = isset($_GET['name']) ? $_GET['name'] : '游客';
2.  //$name = $_GET['name'] ? : '游客';         //PHP 5.3+ 版本写法
3.  //$name = $_GET['name'] ?? '游客';          //PHP7+ 版本 NULL 合并运算符写法
4.  echo "欢迎:". $name;
```

第1行，使用了条件运算符。当 isset($_GET['name']) 为真时（即 GET 请求中有 name 参数值），返回$_GET['name']值（GET 请求中有 name 参数值），否则，返回"游客"值。当然，也可以使用第2行的表达式，其省略了表达式2，实际上就是返回表达式1的值。第3行，使用了 NULL 合并运算符，作用还是一样的，当表达式1为空时，返回后面表达式的值，否则，返回表达式1。

当浏览器中加上 name 参数值时，访问结果如图2.2所示。

当浏览器中去除 name 参数值时，访问结果如图2.3所示。

图2.2　带 name 参数值的访问结果

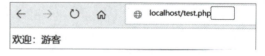

图2.3　不带 name 参数值的访问结果

9. 组合比较符

组合比较符也称为太空船操作符，符号为 <=>。其可轻松实现两个变量的比较，语法格式如下：

$c = $a <=> $b;

当$a>$b 时，则$c 的值为 1。
当$a==$b 时，则$c 的值为 0。
当$a<$b 时，则$c 的值为 -1。

【示例 2.26】 PHP 组合比较符的使用。

```
1.  //数值
2.  echo 1 <=> 1;          // 0
3.  echo 1 <=> 2;          // -1
4.  echo 2 <=> 1;          // 1
5.  //字符串
6.  echo "a" <=> "a";      // 0
7.  echo "a" <=> "b";      // -1
8.  echo "b" <=> "a";      // 1
```

输出结果如下所示：

```
0
-1
1
0
-1
1
```

10. 运算符优先级

当表达式中有多个运算符时，优先级别高的运算符将先进行运算。但是，如此多的运算符，要想全面记住它们之间的优先级别是不太现实的，也没有这个必要。如果表达式确实包含了很多的运算符，不妨加小括号"()"来提升优先级。示例代码如下：

```
echo (2 + 3) *4;          //20
```

在没有加括号之前，是以先乘除后加减的顺序来执行的，其表达式值为 14，使用小括号提升了加法操作的优先级后，表达式的值为 20。

2.2 PHP 语句

PHP 语句是顺序执行的，即按照从头至尾的顺序逐行执行，但程序中通常需要改变这种执行顺序，这就需要用到流程控制语句。流程控制语句包括条件控制语句和循环控制语句两种。

条件控制语句指针对不同的条件执行不同的代码。PHP 中，提供了以下几种条件控制语句：

if 语句，在条件成立时，执行代码块。

if…else 语句，在条件成立时，执行代码块；条件不成立时，执行另一个代码块。

if…elseif…else 语句，在若干条件之一成立时，执行与之相应的代码块。

switch 语句，在若干条件之一成立时，执行与之相应的代码块。

此外，还有循环语句 while、do…while 和 for 等。在循环语句结构中，还有跳转语句 break 和 continue。

2.2.1 if 语句

if 语句基本语法结构如下所示：

```
if (条件表达式) {
    分支代码块                //条件满足时执行
}
```

执行逻辑为：条件表达式为真时，执行分支代码块中的语句。当分支代码块只有一条语句时，花括号 {} 在语法上是可以省略的，但在实践中建议加上花括号，可增强代码的可读性和可维护性。

【示例 2.27】当成绩>=60 时，输出"及格"。

```
1.  <? php
2.  $score = 75;
3.  if ($score >= 60) {
4.      echo "及格"."<br>";        //及格
5.  }
6.  ? >
```

输出结果为：

及格

2.2.2 if…else 语句

if…else 语法结构，如下所示：

```
if (条件语句) {
    分支代码块 1;              //条件满足时执行
} else{
    分支代码块 2;              //条件不满足时执行
}
```

执行逻辑为：条件表达式为真时，执行分支代码块 1 中的语句；条件表达式为假时，执行分支代码块 2 中的语句。

【示例 2.28】 判断成绩"及格"或"不及格"。

1. $score = 55;
2. if ($score >= 60){
3. 　　echo "及格"."
";
4. }else{
5. 　　echo "不及格"."
";
6. }

输出结果为：

不及格

2.2.3 if…else if…else 语句

if…else if…else 语法结构，如下所示：

```
if(条件语句 1) {
    分支代码块 1;        //条件 1 满足时执行
} else if(条件语句 2) {
    分支代码块 2;        //条件 2 满足时执行
}
…
else if(条件语句 n){
    分支代码块 n;        //条件 n 满足时执行
}
[else {
    分支代码块 n+1;      //以上条件都不满足时执行
}]
```

执行逻辑为：满足条件语句 1 时，执行分支代码块 1 中的语句；当满足条件语句 2 时，执行分支代码块 2 中的语句……当满足条件语句 n 时，执行分支代码块 n 中的语句；条件都不满足时，执行分支代码块 n+1 中的语句。

else if 可有多个，而最后的 else 分支为条件都不满足时执行，虽然是可选的，但一般需加上，作为条件"兜底"之用。

【示例 2.29】 分段判断成绩。

1. $score = 81;
2. if ($score >= 80) {
3. 　　echo "优良"."
";
4. } else if ($score >= 60) {
5. 　　echo "及格"."
";
6. } else {
7. 　　echo "不及格"."
";
8. }

输出结果为：

优良

2.2.4 switch 语句

switch 语句也是多分支语句,其语法结构如下所示:

```
switch(表达式) {
    case 值 1 : 代码块 1; [ break;]
    case 值 2 : 代码块 2; [ break;]
    …
    case 值 n : 代码块 n; [ break;]
    [ default :代码块 default;]
}
```

switch 先计算表达式的值(注意,不能为数组或对象),当找到 case 分支中匹配的项时,会执行相应的代码块。default 分支则在所有条件都不满足时执行,虽然是可选的,但通常作为"兜底"之用,建议加上。

【示例 2.30】用 switch 语句判断枚举值。

```
1.  $direct=1;
2.  switch($direct){
3.      case 1:
4.          echo   "上".'<br>';
5.          break;
6.      case 2:
7.          echo "下".'<br>';
8.          break;
9.      case 3:
10.         echo "左".'<br>';
11.         break;
12.     case 3:
13.         echo "右".'<br>';
14.         break;
15.     default:
16.         echo "不明".'<br>';
17.         break;
18. }
```

输出结果为:

上

注意,case 分支中一般写有关键字 break,break 的作用是跳出 switch 整体结构。若没有写 break,则会贯穿到下个 case 分支代码块中继续执行,直到遇到 break 才会跳出 switch 结构体。

【示例 2.31】利用贯穿性判断月份值,输出对应季节。

```
1.  $month = 12;
2.  switch ($month){
3.      case 12:
```

```
4.      case 1:
5.      case 2: echo '冬季'.'<br>'; break;//冬季
6.      case 3:
7.      case 4:
8.      case 5: echo '春季'.'<br>'; break;
9.      case 6:
10.     case 7:
11.     case 8: echo '夏季'.'<br>'; break;
12.     case 9:
13.     case 10:
14.     case 11: echo '秋季'.'<br>';break;
15.     default: echo '月份 1-12 之间';
16. }
```

输出结果为:

冬季

2.2.5 while 语句

while 语句的结构如下所示:

```
while (条件表达式)  {
    循环体代码块
}
```

判断条件表达式的值,如果为 true,执行循环体代码块,再判断条件表达式的值……重复以上步骤,直到条件表达式的值为 false,跳出当前 while 结构体。

【示例 2.32】用 while 语句求 1+2+3+…+9+10。

```
1.  $sum=0; $i=1;
2.  while($i<=10){
3.      $sum += $i++;
4.  }
5.  echo $sum;
```

执行结果为:

55

2.2.6 do…while 语句

do…while 语句结构如下所示:

```
do {
    循环体代码块
} while (条件表达式)
```

先执行循环体代码块,然后判断条件表达式的值,如果为 true,再次执行循环体代码块……重复以上步骤，直到条件表达式的值为 false，跳出当前 do…while 结构体。

与 while 循环不同，do…while 循环先执行循环体代码块，再判断条件。所以，循环体代码块至少会执行一次。

【示例 2.33】用 do…while 语句求 1+2+3+…+9+10。

```
1.    $sum=0; $i=1;
2.    do{
3.        $sum += $i++;
4.    }while($i<=10);
5.    echo $sum;
```

执行结果为：

55

2.2.7 for 语句

与 while 和 do…while 语句相比，for 语句处理循环更为灵活。

for 语句结构如下所示：

```
for (初始化语句; 条件表达式; 条件更新语句 ) {
    循环体代码块
}
```

先执行初始化语句，它的作用通常是初始化循环变量，并且执行一次；然后判断条件表达式的值，如果为 true，则执行循环体代码块和条件更新语句；再判断此刻条件表达式的值，如果为 true，则执行循环体代码块和条件更新语句……重复以上步骤，直到条件表达式的值为 false，跳出当前 for 语句结构体。

【示例 2.34】用 for 语句求 1+2+3+…+9+10。

```
1.    $sum=0;
2.    for($i=1;$i<=10;$i++){
3.        $sum += $i;
4.    }
5.    echo $sum;
```

执行结果为：

55

注意，初始化语句可以没有，也可以有多个，多个时用逗号进行分隔；条件语句也可以没有，此时的默认条件值为 true；条件更新语句可以没有，也可以有多个，多个时用逗号进行分隔。

在极端情况下，for 语句可以无初始化、无条件、无更新。如下所示：

```
for(; ; ) {
    循环体代码块
}
```

以上代码功能实际等同于：

```
while ( true ){
    循环体代码块
}
```

结合循环语句，就可对数组进行遍历操作了。对于索引数组，通常使用 for 语句循环输出；对于关联数组，通常使用 foreach 循环输出。

【示例 2.35】使用 for 语句遍历索引数组。

```
1.  $stus=['Ada','Bob','Kim'];                    //索引数组
2.  for($i=0;$i<count($stus);$i++){
3.      echo $stus[$i].'<br>';
4.  }
```

执行结果为：

Ada
Bob
Kim

【示例 2.36】使用 foreach 语句遍历关联数组。

```
1.  $emps=['001'=>'Ada','002'=>'Bob','003'=>'Kim'];  //关联数组
2.  foreach ($emps as $key => $value) {
3.      echo $key.':'.$value.'<br>';
4.  }
```

执行结果为：

001:Ada
002:Bob
003:Kim

【示例 2.37】遍历关联多维数组（0 维度是关联数组，1 维度是索引数组）。

```
1.  $score2d= [ 'math'=>[66,72,81],              //多维数组(关联数组+索引数组)
2.              'eng'=>[77,83],     ];
3.  foreach ($score2d as $key => $value) {
4.      echo $key.':';
5.      for($i=0;$i<count($value);$i++){
6.          echo $value[$i].' ';
7.      }
8.      echo "<br>";
9.  }
```

执行结果为：

math:66 72 81
eng:77 83

2.2.8 break、continue 语句

跳转语句，用于实现循环执行过程中流程的跳转。PHP 中的跳转语句有 break 和 continue。区别在于，break 语句是终止当前循环，跳出循环体；continue 语句是结束本次循环的执行，继续下一轮的执行循环。

【示例 2.38】当数组中有不及格分数时，用 break 跳出循环体。

```
1.  $scores = [72, 81, 36, 99];
2.  foreach ($scores as $score) {
3.      if($score<60){
4.          echo "至少存在不及格分数: ". $score.'<br>';
5.          break;
6.      }
7.  }
```

输出结果为：

至少存在不及格分数：36

【示例 2.39】用 continue 剔除数组中的不及格分数后求其平均值。

```
1.  $scores = [72, 81, 36, 99];
2.  $sum=0; $count=0;
3.  foreach ($scores as $score) {
4.      if($score<60){
5.          continue;
6.      }
7.      $sum += $score;
8.      $count++;
9.  }
10. echo "剔除不及格分数后的平均分为：". $sum/$count;
```

输出结果为：

剔除不及格分数后的平均分为：84

2.3 PHP 函数

PHP 函数可分为内置函数和自定义函数两种。另外，需记住函数的几种特殊形式：函数变量、回调函数和匿名函数。

2.3.1 内置函数

PHP 的内置函数是系统已经预定义好的函数。这些函数无须用户自己定义，在编程中可以直接使用。

1. 数组内置函数

为方便操作数组，常见有以下内置函数：

count()，返回数组中元素的数目。

rsort()，对数组逆向排序。

sort()，对数组排序。

in_array()，检查数组中是否存在指定的值。

array_keys()，返回数组中所有的键名。

ksort()，对数组按照键名排序。

array_search()，搜索数组中给定的值并返回键名。

array_push()，向数组尾部插入一个或多个元素。

【示例2.40】数组操作。

```
1.  $stus=['Ada','Kim'];                              //索引数组
2.  array.push($stus,'Bob')
3.  echo '学生有'. count($stus). '个'. '<br>';
4.  sort($stus);
5.  for($i=0; $i<count($stus); $i++){
6.      echo $stus[ $i]. '';
7.  }
8.  echo '<br>';
9.  $msg= in_array('Ada',$stus)? '存在':'不存在';
10. echo 'Ada'. $msg. '<br>';

12. $emps=['001'=>'Ada','003'=>'Kim','002'=>'Bob'];   //关联数组
13. ksort($emps);
14. foreach ($emps as $key => $value) {
15.     echo $key. ':'. $value. '';
16. }
17. echo "<br>员工 Kim 的编号是". array_search('Kim', $emps) ."<br>";
```

执行结果为：

Ada Bob Kim
Ada 存在
001:Ada 002:Bob 003:Kim
员工 Kim 的编号是 003

2. 字符串内置函数

为方便操作字符串，常见有以下内置函数：

strlen()，返回字符串的长度。

substr()，返回字符串的一部分。

strpos()，返回字符串在另一字符串中第一次出现的位置。

strrpos()，查找字符串在另一字符串中最后一次出现的位置。

trim( )，移除字符串两侧的空白字符和其他字符。

strcmp( )，比较两个字符串。

str_replace( )，替换字符串中的一些字符。

explode( )，把字符串打散为数组。

implode( )，把数组元素组合成字符串。

【示例2.41】字符串操作。

```
1.   echo strlen('Adams'). '<br>';                              //5
2.   echo substr("Adams Bob",6). '<br>';                        //Bob
3.   echo str_replace("Adams","Ada","Adams Bob"). '<br>';       //Ada Bob
4.   echo implode("/",['Ada','Bob','Cindy']). '<br>';           //Ada/Bob/Cindy
5.   print_r(explode('/','Ada/Bob')). '<br>';                   //Array ( [0] => Ada [1] => Bob )
```

执行结果为：

```
5
Bob
Ada Bob
Ada/Bob/Cindy
Array ( [0] => Ada [1] => Bob [2] => Cindy )
```

3. 数学内置函数

为便于数学运算，常见有以下内置函数：

abs( )，取绝对值。

ceil( )，向上取最接近的整数。

floor( )，向下取最接近的整数。

fmod( )，返回除法的浮点数余数。

is_nan( )，判断是否为合法数值。

max( )，返回最大值。

round( )，返回指定小数位的四舍五入值。

rand( )，返回伪随机数。

mt_rand( )，也是返回伪随机数。但比rand( )函数返回速度更快、范围更大。

【示例2.42】数学运算。

```
1.   echo abs(-1). '<br>';                                      //1
2.   echo ceil(1.2). '<br>';                                    //2
3.   echo floor(1.2). '<br>';                                   //1
4.   echo fmod(7,2). '<br>';                                    //1
5.   echo is_nan(7) . "<br>";
6.   echo acos(1.01), is_nan(acos(1.01)). "<br>";               //NAN1
7.   echo max(4,1,2,3). '<br>';                                 //4
8.   echo round(3.14159,2). '<br>';                             //3.14
9.   echo mt_rand(0,2);                                         //1
```

执行结果为:

```
1
2
1
1

NAN1
4
3.14
1
```

4. 日期时间内置函数

日期和时间操作是必不可少的,为方便操作,PHP 有相应内置函数:

time(),以秒为单位表示的时间戳。即至 1970 年 1 月 1 日 00:00:00 UTC 到当前时间的秒数。

date(),日期格式化。其第一个参数通过各种占位符,代表不同的日期时间元素。例如,Y,代表四位数年份;m,代表两位数月份;d,代表两位数日期;H,代表 24 小时制的小时值;i,代表两位数分钟;s,代表两位数秒数。

date_default_timezone_set(),设置应用的默认时区。

date_default_timezone_get(),获取应用的默认时区。

DateTime 类的 modify() 函数,用于日期的加减计算。

【示例 2.43】 日期和时间操作。

```
1. echo time().'<br>';                              //1694567193 时间戳
2. echo date('Y-m-d H:i:s').'<br>';                 //2023-09-13 09:06:33 当前时间的格式化输出
3. echo date('Y-m-d H:i:s',time()).'<br>';          //2023-09-13 09:06:33 针对时间戳格式化输出
4. echo date_default_timezone_get().'<br>';         //Asia/Shanghai,当前默认时区,即"PRC"
5. date_default_timezone_set("ETC/GMT");            //设置格林尼治标准为时区
6. echo date('Y-m-d H:i:s',time()).'<br>';          //2023-09-13 01:06:33 针对时间戳格式化输出
7. date_default_timezone_set("ETC/GMT-8");          //中国"PRC"比格林尼治时间早 8 小时
8. echo date('Y-m-d H:i:s',time()).'<br>';          //2023-09-13 09:06:33
```

输出结果为:

```
1694567193
2023-09-13 09:06:33
2023-09-13 09:06:33
Asia/Shanghai
2023-09-13 01:06:33
2023-09-13 09:06:33
```

【示例 2.44】 日期计算。

```
1. $dateTime =new DateTime('2023-4-5 6:7:8');      //获得指定日期 DateTime 对象
2. $dateTime->modify('+2 days');                    //调用 DateTime 的 modify 函数修改各时间参数
3. echo $dateTime->format('Y-m-d H:i:s');           //2023-04-07 06:07:08
```

第 2 行，用 DateTime 类的 modify() 函数对日期加上了 2 天。

第 3 行，用 DateTime 类的 format() 函数指定格式输出日期。

输出结果为：

```
2023-04-07 06:07:08
```

5. 文件包含函数

文件包含指将一个源文件中的内容包含到当前文件中，用于提高代码的可重用性和可维护性。在 PHP 中，提供了 include()、require()、include_once() 和 require_once() 函数用于实现文件包含。此外，除了函数写法，PHP 中也可以用语句方式表示。语法格式如下：

```
include('path_to_filename');
include_once('path_to_filename');
require('path_to_filename');
require_once('path_to_filename');
//或等价的语句方式写法：
include 'path_to_filename';
require 'path_to_filename';
include_once 'path_to_filename';
require_once 'path_to_filename';
```

其中，include（或 include_once）和 require（或 require_once）的区别是：当包含文件找不到时，include 会发出警告（E_WARNING），程序继续执行；而 require 则产生致命错误（E_COMPILE_ERROR），程序停止执行。

include_once、require_once 与 include、require 的作用几乎相同。不同的是，带 once 的函数会先检查要包含的文件是否已经被包含过，如果已经被包含过，就不再重复导入该文件，这样可避免同一个文件被重复包含。

【示例 2.45】用 include 函数包含头文件。

先创建头文件 header.php，代码如下所示：

```
1.    <div style="text-align:center;width:100%; font-size:2em;">
2.        欢迎来到策士管理系统
3.    <div>
```

接着，创建主页文件 main.php，在 main.php 中用 include() 函数包含头文件 header.php，代码如下所示：

```
1.    <html>
2.    <head>
3.        <title>Include()的使用</title>
4.    </head>
5.    <body>
6.    <div id='container' style="width:90%; min-height:500px; margin:0 auto;">
7.        <?php include('./header.php') ?>
8.        <div id='main' style="font-size:0.5em;min-height:350px;border: 1px solid gray;">
```

```
9.         系统操作须知:<br>
10.        ……
11.       </div>
12.   </div>
13. </body>
14. </html>
```

第 7 行，用 include('./header.php') 函数包含了 header.php 文件。

在浏览器中访问主页面 main.php，执行效果如图 2.4 所示。

图 2.4　访问包含了头文件的首页

2.3.2　自定义函数

因为内置函数不能满足所有需求，所以有时候需要编写属于自己的函数。在 PHP 中，自定义函数的语法格式如下：

```
function 函数名([arg_1].(arg_2),…,[arg_n]) {
    函数体代码块
}
```

function 是自定义函数的关键字，函数名命名规则与标识符的相同。

arg_1,arg_2,…,arg_n 是函数的参数，是可选的，当有多个参数时，使用逗号","进行分割。当调用函数时，会执行函数体代码块。

【示例 2.46】自定义求圆面积函数。

```
1. function get_circle_area($r){
2.     $area = pi() *$r *$r;
3.     return round($area,2);
4. }
5. echo get_circle_area(10); //314.16
```

执行结果为：

314.16

2.3.3 可变函数

可变函数，又称为函数变量。就是在一个变量名后添加一对小括号"()"，让其变成一个函数形式，系统会自动寻找变量值作为函数名，并对其调用。

【示例 2.47】使用可变函数。

```
1.   function add($a,$b){
2.       return $a+$b;
3.   }
4.   function sub($a,$b){
5.       return $a-$b;
6.   }
7.   $op="add";
8.   echo $op(1,2).'<br>';
9.   $op="sub";
10.  echo $op(1,2).'<br>';
11.  //$op="noFunc";
12.  //echo $op(1,2); // Fatal error: Uncaught Error: Call to undefined function noFunc()
```

第 1~6 行，分别定义了两个函数：add() 和 sub()。

第 7~8 行，将变量 $op 值赋予函数名 "add"，然后加 "()" 调用变量 $op，将调用并返回 add() 函数执行结果。

第 9~10 行，将变量 $op 值赋予函数名 "sub"，然后加 "()" 调用变量 $op，将调用并返回 sub() 函数执行结果。

第 11~12 行，将变量 $op 值赋予函数名 "subnoFunc"，然后加 "()" 调用变量 $op，将调用 noFunc() 函数，但实际上 noFunc() 函数并不存在，所以，执行时会抛出致命错误信息 "Fatal error：Uncaught Error：Call to undefined function noFunc()"。

执行结果为：

```
3
-1
```

注意，可变函数可以增强代码灵活性，但会降低代码可读性，不利于项目维护，所以在项目开发时还是尽量少用。

2.3.4 回调函数

回调函数是对函数的间接调用。PHP 通常使用两种回调函数：call_user_func() 和 call_user_func_array()，这两个函数中第一个参数为函数名，后续参数为被调用函数的参数值。其中，call_user_func_array() 中用数组来表示被调用函数的参数值。

【示例 2.48】使用 call_user_func() 和 call_user_func_array() 函数做回调。

```
1.   function add($a,$b){
2.       return $a+$b;
3.   }
4.   echo call_user_func("add",1,2),'<br>';              //3
5.   echo call_user_func_array("add",[1,2]),'<br>';      //3
```

第 1~3 行，定义了一个 add( )函数。

第 4 行，通过 call_user_func( )函数，调用回调函数 add( )。注意，add( )函数参数值通过后续两个参数值传入。

第 5 行，通过 call_user_func_array( )函数，调用回调函数 add( )。注意，add( )函数参数值通过后续一个数组参数值传入。

执行结果为：

```
3
3
```

2.3.5 匿名函数

匿名函数又称闭包函数，就是没有名称的函数。

【示例 2.49】定义和使用匿名函数。

```
1.  $sum = function($a,$b){
2.      return $a+$b;
3.  };
4.  echo $sum(1,2);           //3
```

第 1~3 行，定义了一个匿名函数，并将其赋给函数变量$sum。

第 4 行，通过"函数变量( )"方式调用了匿名函数。

执行结果为：

```
3
```

如果要在匿名函数中调用外部变量，可使用 use 关键字实现。

【示例 2.50】匿名函数中调用外部变量。

```
1.  $ary = [4,5];
2.  $sum = function($a,$b) use($ary){
3.      $s = $a+$b;
4.      if($ary!=null && count($ary)>0){
5.          foreach($ary as $el){
6.              $s+=$el;
7.          }
8.      }
9.      return $s;
10. };
11. echo $sum(1,2);           //12
```

第 2~10 行，定义了一个匿名函数，并将其赋给函数变量$sum。注意，第 2 行上用 use 关键字引用了第 1 行上定义的数组变量$ary。

第 4~8 行，用 foreach 语法将$ary 中的元素追加至$s 变量中。

第 9 行，返回了$s 变量值。

第 11 行，通过"函数变量( )"方式调用了匿名函数。

执行结果为：

12

此外，匿名函数可作为函数的参数传递，这实际上也是回调函数的一种实现方式。

【示例 2.51】函数名作为函数的参数传递。

```
1.  function add($a,$b){
2.      return $a+$b;
3.  }
4.  function sub($a,$b){
5.      return $a-$b;
6.  }
7.  function op($func,$a,$b){
8.      return $func($a,$b);
9.  }
10. echo op("add",1,2),'<br>';        //3
11. echo op("sub",1,2),'<br>';        //-1
```

第 1~6 行，分别定义了两个函数：add( ) 和 sub( )。

第 7~9 行，定义了函数 op( )。注意，第 8 行中参数$func 处于函数名位置，在实际运行时，会用$func 变量值作为函数名来执行对应函数。

执行结果为：

3
-1

思考与练习

1. 简述针对不同类型变量，如何选用 echo、print_r 和 var_dump 这三种不同的输出方式。

2. 简述针对索引数组和关联数组，如何进行遍历。

3. 简述 include 和 require 的区别。为避免重复包含同一文件，可用什么函数代替它们？

4. 编写代码，对数组［88，99，77，55，66］中的元素进行由大到小逆向排序，并输出数组中的最小值和平均值。

5. 有员工数组：［'001'=>['Ada',6000],'002'=>['Bob',5000],'003'=>['Kim',4000]]，代表着每个员工的编号、姓名和基础薪金。请编写代码，将数组信息以表格形式显示输出，参考格式如图 2.5 所示。

编号	姓名	基础薪金
001	Ada	6000
002	Bob	5000
003	Kim	4000

图 2.5　员工信息的输出格式

第 3 章

PHP 面向对象

本章要点

1. 类的定义和对象的创建。
2. 类的继承和函数覆盖。
3. 接口和实现类。
4. 超级全局变量的使用。
5. 错误和异常的处理。

学习目标

1. 掌握类的定义和对象的创建。
2. 掌握函数覆盖。
3. 掌握接口定义和实现类的编写。
4. 掌握超级全局变量$_GET、$_POST、$_SESSION、$_FILES的使用。
5. 掌握一般场景下的异常处理。

面向对象（Object Oriented）是一种编程的思想和方法。它将数据（状态、属性）和操作数据的函数（行为、功能）封装在一起，形成"对象"（Object），并通过对象之间的交互来完成程序的功能。面向对象编程强调数据的封装、继承、多态和动态绑定等特性，使程序具有更好的可扩展性、可维护性和可重用性。

对象就是现实中的实体（Instance）；类（Class）就是现实中的分类。比如，现在要实现一个员工管理系统。公司里有张珊、李思等员工。Employee（员工）是一种分类，在面向对象开发中就是类，而 zhangShan（张珊）和 liSi（李思）这些实体在面向对象开发中就是对象。每个对象都有自己的状态、属性，如 zhangShan 和 liSi 各有自己的联系电话、通讯地址等状态（属性）值，也各自有独立的修改联系电话、设置通讯地址等行为。这里的状态、属性值用变量值来标识，修改联系电话、设置通讯地址等行为用函数来表示。

3.1 类的定义

类是对象的抽象，是用于创建对象的模板。没有类创建的对象，就无法通过映射、模拟问题域中的实体来解决项目问题。

面向对象开发时，通常在项目的问题域中分析现实中的实体，将同类实体的特征、属性、功能、行为等抽象出来，形成类结构。

PHP 中，类可以看成由名字、属性、函数组成的一个封装结构体。

定义类结构，语法如下：

```
class 类名 {
    var 属性变量 1;
    var 属性变量 2=初始化值;
    …
    __construct(参数 1,参数 2,…) {
        构造体
    }
    function __destruct() {
        构造体
    }
    function 函数名(参数 1,参数 2,…) {
        函数体
    }
}
```

类用关键字 class 声明；建议类名首字符大写；属性变量和函数可以没有，也可以有多个；函数参数可以没有，也可以有多个；构造函数简称构造，是用于创建对象用的特殊函数，构造函数名用__construct 表示。注意，一个类中只能存在一个构造函数，如果没有定义，则系统会给出一个默认无参构造函数。析构函数是当对象结束其生命周期时调用的函数，析构函数名用__destruct 表示，不带参数。

【示例 3.1】 定义员工类 Employee，并创建两个员工对象。

```
1.  class Employee{
2.      var $name;
3.      var $tel;
4.      var $addr;
5.      function setTel($tel){
6.          $this->tel= $tel;
7.      }
8.      function setAddrl($addr){
9.          $this->addr=$addr;
10.     }
11.     function __construct($name,$tel,$addr){
12.         $this->name=$name;
13.         $this->tel=$tel;
14.         $this->addr=$addr;
15.     }
16. }
17. // $zhangShan=new Employee();     //未定义无参构造,会报错
18. // $zhangShan->name='张珊';
19. // $zhangShan->tel='12341830333';
```

```
20.    // $zhangShan->addr='上海市成功路 333 号';
21.    $liSi=new Employee('李思','12341939666','上海市锦绣路 666 号');
22.    $liSi->setTel("12341830444");
23.    print_r($liSi).'<br>';
```

第 1 行，用关键字 class 创建员工类 Employee。

第 2~4 行，用 var 关键字定义了 Employee 类的三个属性。

第 5~10 行，定义两个函数，用于设置电话和地址属性值。

第 11~16 行，定义了用于创建员工类对象用的构造函数。注意，有三个参数，在第 12~14 行实现了对三个属性值的初始化。

第 17 行，尝试用 new 关键字调用无参构造函数，来创建 zhangShan 员工对象。但因为一个类中只能存在一个构造函数，而第 11~16 行已经定义了带参构造函数，因此不再生成默认无参构造了。此时再调用无参构造，会报错 "Expected 3 arguments. Found 0"。

第 18~20 行，使用 "->" 符号访问对象的属性。

第 21 行，调用三个参数的构造函数，创建 liSi 员工对象。liSi 员工中的三个属性值将被初始化。

第 22 行，使用 "->" 符号访问 liSi 对象的 setTel() 函数。

上方代码中未出现析构函数。现实开发中，析构函数使用较少。

输出结果为：

Employee Object（[name] =>李思 [tel] => 12341830444 [addr] => 上海市锦绣路 666 号）

3.2 继 承

继承是面向对象编程中实现"类扩展"的机制，是类层次上的代码复用。

继承就相当于将父类的属性和函数直接定义到了子类中，子类可直接使用这些继承的属性和函数。

PHP 中仅支持单继承，用关键字 extends 指明继承关系。继承的基础语法结构如下所示：

```
class 子类 extends 父类
{
    类结构体(属性、构造、函数)
}
```

【示例 3.2】用继承表示 Animal（动物）、Mammal（哺乳动物）和 Panda（熊猫）三个类之间的关系。

```
1.    class Animal{
2.        var $name;
3.        function __construct($name){
4.            $this->name=$name;
5.        }
```

```
6.    }
7.    class Mammal extends Animal{
8.        var $breastFeed;              //哺乳状态
9.        function __construct($name){
10.           parent::__construct($name);
11.           $this->breastFeed=true;
12.       }
13.   }
14.   class Panda extends Mammal{
15.       function eatBanboo(){
16.           echo '吃竹子';
17.       }
18.       function __construct($name){
19.           parent::__construct($name);
20.       }
21.   }
22.   $panda = new Panda("盼盼");
23.   echo $panda->name;               //盼盼
24.   echo $panda->eatBanboo();        //吃竹子
```

第 7 和 14 行，用关键字 extends 进行了父类继承。

第 10 和 19 行，用关键字 parent 加 "::" 显示调用了父类构造。注意，在 PHP 中是不会自动调用父类构造的。此外，关键字 parent 代表父类或父类对象，因此还可用 parent 调用父类对象中的属性和函数。

输出结果为：

盼盼吃竹子

3.3 函数覆盖

继承后，若子类中定义了与父类函数签名完全相同的函数（名称相同，参数个数和类型也相同），则称为函数的覆盖或重写。通常当继承的函数不能满足子类的需求时，使用函数覆盖进行重写。

【示例 3.3】在 Dog 子类中用函数覆盖来自父类 Animal 中的 eat( ) 函数。

```
1.    class Animal{
2.        function eat() {
3.            print('animal eated');
4.        }
5.        function __construct(){}
6.    }
7.    class Dog extends Animal{
8.        function eat() {
9.            print('dog eated');
10.       }
11.   }
12.   $doggie = new Dog();
13.   $doggie->eat();                 //dog eated
```

第 1~11 行，分别定义了父类 Animal 和子类 Dog。父类和子类中都有 eat( )函数。注意，函数名相同，且参数形式相同（都没有参数）。此时子类中的 eat( )函数就覆盖了父类中的函数 eat( )。

第 12~13 行，创建了子类 Dog 的对象 doggie，并调用 eat( )函数。注意，此时第 13 行执行的 eat( )应该是子类 Dog 中的函数。

执行结果为：

dog eated

从结果来看，调用的确实是子类中的函数。若要调用父类继承过来的 eat( )函数，可用关键字 parent。

【示例 3.4】用关键字 parent 调用父类继承过来的函数。

```
1.   class Animal{
2.       function eat() {
3.           print('animal eated');
4.       }
5.       function __construct(){}
6.   }
7.   class Dog extends Animal{
8.       function eat() {
9.           print('dog eated');
10.          echo '<br>';
11.          parent::eat();
12.      }
13.  }
14.  $doggie = new Dog();
15.  $doggie->eat();          //dog eated, animal eated
```

第 11 行，使用关键字 parent 加 "::" 调用来自父类对象的 eat( ) 函数。

注意，关键字 parent 代表父类或父类对象，因此可用 parent 调用父类对象中的属性和函数。当然，也可以用 parent 调用父类构造函数。

执行结果为：

dog eated
animal eated

3.4 访问控制

通过关键字 public(公有)、protected(受保护)、private(私有)，PHP 对属性和方法实施了访问控制。

受 public 修饰的属性和方法，在任何地方都可访问。

受 protected 修饰的属性和方法，可被自身或其子类访问。

受 private 修饰的属性和方法，只能被自身访问。

【示例 3.5】类中访问控制的使用。

```php
1.   class Accesser {
2.       public $public = 'Public';
3.       protected $protected = 'Protected';
4.       private $private = 'Private';
5.       function __construct(){}
6.       function show() {
7.           echo $this->public.'<br>';
8.           echo $this->protected.'<br>';
9.           echo $this->private.'<br>';
10.      }
11.  }

13.  $obj = new Accesser();
14.  $obj->show();            //输出 Public、Protected 和 Private，说明类内部定义的自身都可访问
15.  echo $obj->public;       //正常执行
16.  //echo $obj->protected;  //产生致命错误，protected 修饰，仅自身或子类可访问
17.  //echo $obj->private;    //产生致命错误，private 修饰，仅自身可访问
```

输出结果为：

```
Public
Protected
Private
Public
```

【示例 3.6】继承关系下，访问控制的使用。

```php
1.   class Accesser {
2.       public $public = 'Public';
3.       protected $protected = 'Protected';
4.       private $private = 'Private';
5.       function __construct(){}
6.   }
7.   class Child extends Accesser{
8.       function show() {
9.           echo $this->public.'<br>';       //public 修饰任何地方都可以，继承访问当然成立
10.          echo $this->protected.'<br>';    //protect 修饰可继承访问
11.          //echo $this->private.'<br>';    //出错，private 修饰，仅自身可访问，无法继承访问
12.      }
13.  }
14.  $child = new Child();
15.  echo $child->show();                     //Public,Protected
```

执行结果为：

```
Public
Protected
```

3.5 抽象类与接口

3.5.1 抽象类

抽象类（abstract class）是一种特殊的类，不允许用构造函数直接创建对象。

抽象类主要目的是为子类提供一个通用的模板，定义一些共同的属性和函数。子类需要实现（重写）抽象类中声明的抽象函数才能创建对象。

在抽象类中，可以定义抽象函数（也可以没有抽象函数），抽象函数是没有具体实现的函数，只有函数的签名，子类必须实现这些抽象函数。

在 class 前加关键字 abstract 来定义抽象类。

【示例 3.7】定义抽象类。

```
1.  abstract class Shape{
2.      abstract protected function draw();
3.  }
4.  //$shape=new Shape();              //不能直接创建抽象类
5.  class Circle extends Shape{
6.      public function draw(){        //覆盖方法访问范围必须大于或等于父类方法
7.          echo 'draw a circle';
8.      }
9.  }
10. $circle=new Circle();
11. echo $circle->draw();              //draw a circle
```

第 1 行，关键字 class 前加关键字 abstract，说明该类是抽象类。

第 2 行，在函数前加 abstract，说明该函数是抽象函数。所谓抽象函数，就是只有函数的签名，没有函数体的函数。

注意，若类内部有抽象函数，则相当于类结构部分抽象，那么类在整体上就是一个抽象类。此时，必须在 class 前加 abstract 关键字，定义该类为抽象类；反之，抽象类中可以都是非抽象的，并不要求一定要存在抽象函数。

此外，抽象函数是不能加花括号 {} 的，有花括号 {} 则代表了"实现"，就不能称之为抽象函数了。

第 4 行，直接创建抽象类 Shape 的对象，会有语法问题。因为，抽象类不允许直接创建对象。

第 5~9 行，定义了抽象类 Shape 的子类 Circle。第 6~8 行，在子类 Circle 中，对抽象父类 Shape 中的抽象函数 draw() 进行了实现。

注意，子类中若不实现继承的抽象函数，则子类整体是抽象类，必须加关键字 abstract 标注该子类为抽象类，否则语法有错。

第 10~11 行，创建了子类 Circle 的对象，并调用了子类对象的 draw() 方法。

输出结果为:

draw a circle

3.5.2 接口

接口(interface),仅用于声明必须实现哪些函数,函数的具体功能则由子类实现。为此,接口的子类又称为接口的实现类。

接口是通过 interface 关键字来定义的,就像定义一个标准的类一样,但其中的函数都是空的,即仅仅是声明,不具体化。接口中定义的所有函数都必须是公有的,这是接口的特性。

要实现一个接口,使用 implements 关键字。类中必须实现接口中定义的所有函数,否则会报一个致命错误。类可以实现多个接口,用逗号来分隔多个接口的名称。

【示例 3.8】接口定义和子类实现。

```
1.  interface iTmplKV{
2.      function setKeyVal($key,$val);        //仅声明方法
3.      function getKeyVal();
4.  }
5.  class TmplKV implements iTmplKV{          //实现接口声明的方法
6.      private $keyVals=[];
7.      function setKeyVal($key,$val){
8.          $this->keyVals[$key] = $val;
9.      }
10.     function getKeyVal(){
11.         $template='';
12.         foreach($this->keyVals as $key=>$val){
13.             $template .= "<span>$key</span>:<span>$val</span><hr>";
14.         }
15.         return $template;
16.     }
17. }
18. $templ=new TmplKV();
19. $templ->setKeyVal('001','Ada');
20. $templ->setKeyVal('002','Bob');
21. echo $templ->getKeyVal();
```

第 1~4 行,定义了接口 iTmplKV,内部声明两个方法。

第 5~17 行,定义了类 TmplKV,实现接口 iTmplKV 中所有(两个)函数。函数 setKeyVal()将 key、value 值(键值对)压入数组 $keyVals 中,函数 getKeyVal()则格式化组织数组 $keyVals 中的数据。

第 18~21 行,创建类 TmplKV 的对象 $templ;用函数 setKeyVal()将两组键值对数据加入内部数组中;用函数 getKeyVal()格式化组织数组中键值对数据,并输出。

浏览器访问结果如图 3.1 所示。

图 3.1 输出数组中的键值对数据

3.6 static、final 关键字

3.6.1 static 关键字

通过关键字 static（静态）声明的属性或函数，可以不实例化而直接访问。静态属性不能通过实例化的对象来访问，但静态函数可以。

由于静态函数不需要通过对象即可调用，所以伪变量$this 在静态方法中不可用。

静态属性也不可以由对象通过->操作符来访问，应该通过类名加 "::" 来访问。

【示例3.9】 静态属性和静态函数的定义与调用。

```
1.   class Emp{
2.       static $count=0;
3.       static function getCount(){
4.           //$this->count;        //在 static 函数中无法使用$this
5.           return Emp::$count;
6.       }
7.       function __construct() {
8.           Emp::$count++;
9.       }
10.  }
11.  $zs=new Emp();
12.  $ls=new Emp();
13.  echo Emp::$count. '<br>';
14.  echo Emp::getCount(). '<br>';
15.  echo $ls->count. '<br>';         //不能由对象访问static 属性,空值
16.  echo $ls->getCount(). '<br>';
```

第2行，用static关键字定义了静态属性$count。

第3~6行，用static 关键字定义了静态函数 getCount()，在该静态函数内用类名加"::"方式返回静态属性$count。注意，第4行，在静态方法中使用伪变量$this 在语法上是错误的，因为此时对象可能尚未创建，无法使用代表自身对象的伪变量$this。

第7~9行，利用构造函数实现在每次创建对象时令静态变量$count 的值递增。

第11~16行，用于创建对象，并访问静态变量和静态方法。注意，第15行，用实例去访问静态变量的写法是错误的。第16行，能用实例来访问静态方法，但不建议这样使用，还是以类名访问更加清晰。

输出结果为：

2
2

2

3.6.2 final 关键字

final 关键字代表最终的，不再改变的意思。因此，修饰类时，类不能被继承（改变）；修饰函数时，函数不允许被子类重写（改变）。

【示例 3.10】final 修饰的类和方法。

```
1.  final class StringUtil{}
2.  //class MyString extends StringUtil{}      //final 类不能被继承
3.  class FileUtil{
4.      final function down(){}
5.  }
6.  class MyFile extends FileUtil{
7.      //function down(){}                     //final 函数不能被覆盖(重写)
8.  }
```

第 1 行，定义了 final 类 StringUtil，因此，第 2 行会报错，因为 final 类不能被继承。
第 4 行，在类中定义了 final 方法 down()，因此，第 7 行会报错，因为 final 函数不能被继承。

3.7 命名空间

PHP 命名空间（namespace）用于解决两类重名问题：
（1）用户编写代码与 PHP 内建（或第三方）类、函数、常量之间的名字冲突。
（2）为很长的标识符名称创建一个简短别名，提高源代码的可读性。

3.7.1 定义命名空间

命名空间通过关键字 namespace 来声明。在文件中，声明命名空间代码必须在其所辖代码之前。语法如下：

```
<? php
namespace NameSpace1;          //定义代码在 NameSpace1 命名空间中
//代码 …
namespace NameSpace2;          //定义代码在 NameSpace2 命名空间中
//代码 …
? >
```

声明名称空间时，另有一种花括号方式。语法如下：

```
<? php
namespace NameSpace1{           //定义代码在 NameSpace1 命名空间中
//代码 …
}
namespace NameSpace2{           //定义代码在 NameSpace2 命名空间中
//代码 …
}
? >
```

注意，可在同一文件内使用多个命名空间，但是会显得代码混乱，实际中并不提倡使用。

3.7.2 名称空间分类

（1）非限定名称：名称中不包含命名空间分割符，例如，service。

（2）限定名称：名称中含有命名空间分割符，例如，manage\service。

（3）完全限定名称：名称中包含分割符，并以命名空间分割符开始（即绝对路径的概念），例如，\manage\service。

【示例 3.11】名称空间的声明和使用。

```
1.  <?php
2.  namespace manage\service{
3.      function test(){ echo 'test';}
4.      class Emp{
5.          static function list(){
6.              echo 'emp service list';
7.          }
8.      }
9.  }
10. namespace {
11.     \manage\service\test();        //完全限定名称
12. }
13. namespace manage{
14.     echo '<br>';
15.     service\Emp::list();           //非限定名称
16. }
```

第 2~9 行，定义了名称空间 manage\service，其内有一个函数 test( )和一个类 Emp，类 Emp 内有一个静态函数 list( )。

第 10~12 行，注意，此处只有 namespace 关键字，无具体名称，实际为全局域名，在全局域名中用完全限定名称访问了函数 test( )。

第 13~16 行，定义了名称空间 manage，在名称空间中用非限定名称访问了 Emp 类中的静态函数 list( )。

输出结果为：

```
test
emp service list
```

3.7.3 引入名称空间

使用 use 关键字导入命名空间、类、常量、函数等，而 as 关键字可以给导入的类和函数等重命名。

【示例 3.12】关键字 use 和 as 的使用。

创建 eg. 3.12a. php 文件，其代码如下所示：

```
1.  <?php
2.  namespace manage\service{
3.      class Emp{
4.          static function list(){
5.              echo 'emp service list';
6.          }
7.      }
8.  }
```

创建 eg. 3. 12b. php，使用 eg. 3. 12a. php 名称空间内资源，其代码如下所示：

```
1.  <?php
2.  include 'eg. 3. 12a. php';
3.  use manage\service;                          //相对(非限定名称)
4.  service\Emp::list();                         //emp service list
5.  echo '<br>';
6.  use \manage\service\Emp as serviceEmp;       //绝对(完全限定名称)，as 换名
7.  serviceEmp::list();
```

第 2 行，用 include 将 eg. 3. 12a. php 文件包含进来。

第 3 行，引入了非限定名称 manage\service，因此第 4 行就可以用 "service\资源名" 方式访问名称空间中的资源了。

第 6 行，引入了完全限定名称 \manage\service\Emp，并用 as 进行了别名处理，这样第 7 行就可以用别名直接访问名称空间中的资源了。当然，名称空间也可做别名处理。

注意，如果要使用名称空间内定义的函数，需遵循如下过程：

```
include('所在文件');                    //引入函数所在文件(或用 require)
use function 名称空间\函数名;            //引用名称空间内函数
函数名();                               //调用函数
```

3.8 超级全局变量

PHP 中预定义了一些超级全局变量，它们在代码的全部作用域中都可用。

1. $GLOBALS

$GLOBALS 是一个包含了全部变量的全局组合数组。变量的名字就是$GLOBALS 数组中的键。

【示例 3.13】超级全局变量$GLOBALS 的使用。

```
1.  $x = 3;
2.  $y = 4;
3.  function add() {
4.      $GLOBALS['z'] = $GLOBALS['x'] + $GLOBALS['y'];
5.  }
6.  add();
7.  echo $z;         //7, $GLOBALS 数组中的超级全局变量，在程序中是全局的
```

第 4 行，用\$GLOBALS['x']、\$GLOBALS['y']分别引用了全局变量\$x 和\$y，而\$GLOBALS['z']相当于产生了一个全局变量\$z，因此，在第 7 行可调用\$z。

输出结果为：

```
7
```

2. $_SERVER

\$_SERVER 是一个包含了 header（头信息）、path（路径）等信息的数组。这个数组内容由 Web 服务器所创建，而每个服务器提供的内容都不尽相同，可能会忽略一些信息，可能会多提供一些信息。

【示例 3.14】 超级全局变量\$_SERVER 的使用。

```
1.  <?php
2.  echo $_SERVER['PHP_SELF'] . "<br>";           // /eg. 3.16.php
3.  echo $_SERVER['HTTP_HOST'] . "<br>";          // localhost
4.  echo $_SERVER['SERVER_SOFTWARE'] . "<br>";    //Apache/2.4.39…
5.  echo $_SERVER['HTTP_USER_AGENT'] . "<br>";    //Mozilla/5.0… Edge/17.17134
6.  echo $_SERVER['REQUEST_METHOD'] . "<br>";     // /GET
```

实际开发时，为防止 XSS（Cross-Site Script）跨站攻击，第 2 行获取当前页 URL 代码，通常改为<?php echo htmlspecialchars(\$_SERVER["PHP_SELF"]);?>。

输出结果为：

```
/eg.3.16.php
localhost
Apache/2.4.39 (Win64) OpenSSL/1.1.1b mod_fcgid/2.3.9a mod_log_rotate/1.02
Mozilla/5.0 (Windows NT 10.0; Win64; x64) AppleWebKit/537.36 (KHTML, like Gecko) Chrome/64.0.3282.140 Safari/537.36 Edge/17.17134
GET
```

3. $_GET

\$_GET 用于接收 URL 中的参数数据和表单中以 GET 方式提交的数据。

【示例 3.15】 超级全局变量\$_GET 的使用。

```
1.  <?php
2.  //localhost/eg.3.17.php? name=bob&skills=csharp&skills=java
3.  //localhost/eg.3.17.php? name=bob&skills[]=csharp&skills[]=java
4.  $name = $_GET['name'];
5.  $skills = $_GET['skills'];
6.  if($name && $skills){
7.      $strSkills=implode('、',$skills);   //implode：数组转字符串
8.      echo $name.',拥有技能:'. $strSkills;
9.  }
```

浏览器访问 localhost/eg.3.17.php? name=bob&skills[]=csharp&skills[]=java，输出结果为：

bob,拥有技能：csharp、java

注意，浏览器访问 URL 时，对于参数有多值的情况，参数名后必须加中括号[ ]；否则，$_GET 返回为单值。

4. $_POST

$_POST 用于接收表单中以 POST 方式提交的数据。

【示例 3.16】超级全局变量$_POST 的使用。

```
1.  <form method="post" action="<? php echo $_SERVER['PHP_SELF'];?>">
2.      <input type="text" name="name" placeholder="pls. your name"><br>
3.      Your Skills:<br>
4.      <input type="checkbox" name="skills[ ]" value='csharp'>C Sharp<br>
5.      <input type="checkbox" name="skills[ ]" value='java'>Java<br>
6.      <input type="submit" value="submit">
7.  </form>
8.  <?php
9.  $name = $_POST['name'];
10. $skills = $_POST['skills'];
11. if($name && $skills){
12.     $strSkills=implode('、',$skills);
13.     echo $name.',拥有技能:'. $strSkills;
14. }
```

注意，第 4、5 行中 name 属性的值是 skills[ ]，而非 skill。这个[ ]说明参数是多值处理的，经过第 10 行的$_POST['skills']操作，返回的是含有多值的数组类型数据。

通过浏览器访问，输入用户名 ada，勾选两个技能，单击 Login 按钮后，将通过$_POST 变量获取表单中单值和多值数据，呈现如图 3.2 所示效果。

图 3.2 通过$_POST 变量获取表单提交的单值和多值数据

5. $_REQUEST

$_REQUEST 是一个关联数组，用于收集通过 POST 或者 GET 方式所提交的数据，也可以用于获取 COOKIE 信息。即包含了$_GET、$_POST 和$_COOKIE 中的所有数据。

【示例 3.17】超级全局变量$_REQUEST 的使用。

```
1.  <form method="post" action="<?php echo $_SERVER['PHP_SELF'];?>">
2.      <input type="text" name="username" placeholder="pls. username"><br>
3.      <input type="password" name="password" placeholder="pls. password">
4.      <input type="submit" value="Login">
```

```
5.    </form>
6.    <?php
7.    $name = $_REQUEST['username'];
8.    $pwd = $_REQUEST['password'];
9.    if($name && $pwd){
10.       echo $name.'/'.$pwd;
11.   }
12.   ?>
```

第 7、8 行，通过 $_REQUEST['username'] 和 $_REQUEST['password'] 代码，分别获取表单提交的用户名和密码信息。

使用浏览器访问，输入用户名 ada 和密码 123，单击 Login 按钮后，将获取到相应的提交数据，如图 3.3 所示。

图 3.3　通过 $_REQUEST 变量获取表单提交数据

6. $_COOKIE

在 HTTP 协议中，Cookie 是一种通过在客户端保存数据来记录用户状态的协议机制，而 $_COOKIE 就是用来存储客户端（浏览器）的 Cookie 信息的。通常使用 Cookie 保存用户的登录状态、免登录信息（记住我功能）等。

【示例 3.18】使用超级全局变量 $_COOKIE 实现免登录功能。

先创建一个登录成功后可访问的功能页面 main.php，核心代码如下：

```
<h3>欢迎使用</h3>
```

然后实现一个含有免登录功能的登录页 login.php，整理思路分两部分：一是登录。当登录成功，发现"记住我"复选框被选中时，生成 rememberMe 随机值，放入 Cookie 并同时存放到记录所有 rememberMe 值的文件（如 remembers.json）中。登录成功后，应转至功能页面 main.php。二是免登录判断。代码放在头部，在登录逻辑之前判断 Cookie 中的 rememberMe 值是否存在于文件中，如果存在，则说明登录过且 rememberMe 的功能有效，直接转至功能页面 main.php，无须再登录。

核心代码如下：

```
1.    <?php
2.    function getRemembers(){      //取出 remembers.json 文件中的 rememberMe 数组数据
3.        $rememberMes = file_get_contents('remembers.json');
4.        $rememberMes = json_decode($rememberMes);
5.        if(!$rememberMes){
6.            $rememberMes=[];
7.        }
```

```
8.         return $rememberMes;
9.     }
10.    $rememberMes = getRemembers();        //实际开发时,可将数据放入数据库相应表字段中
11.    if($rememberMes){
12.        $hasRememberMe = in_array($_COOKIE['rememberMe'],$rememberMes);
13.        if($hasRememberMe ){
14.            header('location:main. php');    //免登录,转功能页
15.            return;
16.        }
17.    }
18.    //登录判断:登录成功后,保存Cookie值,并进入功能页,否则报错继续登录
19.    $msg="";
20.    $name=$_REQUEST['name'];
21.    $pwd=$_REQUEST['pwd'];
22.    if($name && $pwd){
23.        if($name=='admin'&& $pwd=='12345'){//实际开发时,应判断数据库用户表中的数据
24.            if($_POST['rememberMe']){   /*将rememberMe信息写入Cookie,并设置Cookie 7天过期,最后转至main.php 页面*/
25.                $rememberToken = md5($name. mt_rand());
26.                setcookie('rememberMe',$rememberToken , time() + 60*60*24*7);
27.                array_push($rememberMes,$rememberToken);
28.                $tmp = json_encode($rememberMes);
29.                try{
30.                    file_put_contents('remembers. json',$tmp);//rememberMe cookie 数组写回文件
31.                }catch(Exception $error){
32.                    var_dump($error);
33.                }
34.            }
35.            header('location:main. php');
36.            return;
37.        }else{
38.            $msg='用户名或密码错';
39.        }
40.    }else{
41.        $msg='请先登录';
42.    }
43.    ?>
44.    <font color='red'><?= $msg ?></font>
45.    <form method="post" action="<?php $_GLOBAL['PHP_SELF']?>" >
46.        <input type="text" name='name'placeholder="输入用户名"><br>
47.        <input type="password" name='pwd'placeholder="输入密码"><br>
48.        <input type="checkbox" name='rememberMe'>记住我<br>
49.        <button type='submit'>登录</button>
50.    </form>
```

第2~9行,获取 remembers. json 文件中的所有数据,存放至$rememberMes 数组中。其中,第3行,读文件;第4行,用 json_decode( )函数解码出相应的 Cookie 数据(注意,写入前使用 json_encode( )函数进行编码)。

第 10~17 行，取出数据放入 $rememberMes 后，判断本地 Cookie 值是否存在于 $rememberMes 数组中，存在，则说明登录过了，可免本次登录，用 header( ) 函数重定向到功能页即可。

第 24~38 行，判断输入的用户名和密码是否正确，正确则生成 rememberMe 值，并将其设置为七天过期的 Cookie 变量值，然后将 rememberMe 值放入 $rememberMes 数组中。$rememberMes 数组经过 json_encode( ) 函数编码后，放入 remembers.json 文件中保存。最后重定向到功能页。当然，如果用户名和密码有错，则在 $msg 变量中设置报错信息。

第 45~50 行，免登录表单设置。含有用户名输入框、密码输入框、rememberMe 复选框和登录按钮等。

免登录测试过程如下：

（1）通过浏览器访问 login.php，显示如图 3.4 所示的提示登录界面。注意，此时没有登录相关的 Cookie 值。

图 3.4　访问登录界面，无登录相关的 Cookie 值

（2）输入错误的用户名和密码，如 ada 和 123，页面将显示"用户名或密码错"，如图 3.5 所示。

图 3.5　输入错误的用户名或密码，则显示"用户名或密码错"

（3）不勾选"记住我"，输入正确的用户名（admin）和密码（12345），如图 3.6 所示。单击"登录"按钮后，将转向功能页（main.php），如图 3.7 所示。注意，此时的 Cookie 变量"记住我"的值是空的。

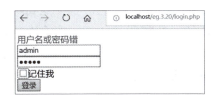

图 3.6　不勾选"记住我"并输入正确的用户名和密码

图 3.7　转至功能页

（4）再次访问 login.php，因为没有勾选"记住我"，所以没有记录 Cookie 变量 rememberMe 的值，判断后还需登录。这次勾选"记住我"并输入正确的用户名（admin）和密码（12345），如图 3.8 所示。

图 3.8　勾选"记住我"并输入正确的用户名和密码

单击"登录"按钮后，还会进入功能页（main.php），但是 Cookie 变量 rememberMe 的值被写入了，如图 3.9 所示。

图 3.9　rememberMe 的值被写入 Cookie

（5）再次访问登录页（login.php），因为 Cookie 值 rememberMe 的存在，因此不再显示登录界面，直接被重定向到了功能页（main.php），如图 3.10 所示。

Cookie 和 Session 都可以用于追踪用户信息。但是，Cookie 有些缺点，如附加在每个 HTTP 请求中，会增加流量；Cookie 通常明文传递，安全有问题。Cookie 大小限制在 4 KB 左右，对复杂存储需求不够用。为此，使用 Session 是个不错的替代方案，除了"rememberMe"功能外，还可用 Session 实现登录。

7. $_SESSION

超级全局变量 $_SESSION 用于存取 Session 中变量的数据。

图 3.10　再次访问登录页

Session 代表服务器与浏览器的一次会话过程。Session 作为一种服务器端的机制，用来存储特定用户会话信息。Session 由服务器端生成，通常保存在服务器的内存中。

Session 工作机制是：为每个访问客户创建唯一的 id，并基于这个 id 在服务器端存储变量。id 存储在 Cookie 中（位于请求和回应 header 中）或者 URL 中，然后在服务器端和浏览器之间进行传导。

Session 使用要点：

（1）使用 Session 之前，必须首先用 session_start( )函数启动会话，以便为用户会话分配唯一 id。

（2）使用超级全局变量$_SESSION 存取 Session 中变量的数据。用$_SESSION['变量名']获取 Session 变量数据用。用$_SESSION['变量名']=值修改 Session 变量数据。

（3）使用 session_destroy( )函数可销毁所有 Session 内容。使用 unset( )函数销毁指定的 Session 变量，如 unset($_SESSION['变量名'])。

（4）设置 session 有效期。PHP 默认过期时间是 1 440 秒（24 分钟）。可在 php.int 配置文件中，通过设置 session.gc_maxlifetime 值来设定；也可以通过 ini_set( )函数指定参数设置，如 ini_set('session.gc_maxlifetime',60*30)设置了过期时间为 30 分钟。

【示例 3.19】使用 Session 实现免登录功能。

先创建一个登录成功后可访问的功能页面 main.php，核心代码如下：

```
<h3>欢迎使用</h3>
```

然后实现一个登录功能的登录页 login.php，整理思路分两部分：一是登录。当登录成功时，则将用户信息写入 Session，并转至功能页面 main.php。二是免登录判断。代码放置于头部，在登录之前判断：用户信息相关的 Session 值是否存在，若存在，说明登录过且Session 未过期，直接转至功能页面 main.php，无须登录了。

核心代码如下：

```
1.  <?php
2.  //Session 有值,代表登录过且没有过期,直接转功能页
3.  session_start();                            //必须启动 Session,否则写入无效
4.  if($_SESSION['loginedName']){
5.      header('location:main.php');
6.      return;
7.  }
```

```php
8.      //登录判断:登录成功,写Session进入功能页,否则报错,继续登录
9.      $msg="";
10.     $name=$_REQUEST['name'];
11.     $pwd=$_REQUEST['pwd'];
12.     if($name && $pwd){
13.         if($name=='admin'&& $pwd=='12345'){     //实际开发时,可通过判断数据库用户表来判断
14.             $_SESSION['loginedName'] = $name;    //写入Session
15.             header('location:main.php');
16.             return;
17.         }else{
18.             $msg='用户名或密码错';
19.         }
20.     }else{
21.         $msg='请先登录';
22.     }
23. ?>
24. <font color='red'><?= $msg ?></font>
25. <form method="post" action="<?php $_GLOBAL['PHP_SELF']?>" >
26.     <input type="text" name='name'placeholder="输入用户名"><br>
27.     <input type="password" name='pwd'placeholder="输入密码"><br>
28.     <button type='submit'>登录</button>
29. </form>
```

免登录测试过程如下:

(1) 通过浏览器访问登录页 login.php,提示"请先登录"信息,输入错误的用户名和密码,如 ada 和 123,如图 3.11 所示。

(2) 单击"登录"按钮,界面提示"用户名或密码错",如图 3.12 所示。

图 3.11 访问登录页,输入错误的用户名和密码

图 3.12 输入错误数据,提示"用户名或密码错"

(3) 输入正确的用户名和密码,如 admin 和 12345,如图 3.13 所示。

(4) 单击"登录"按钮,登录成功,转至功能页 main.php,如图 3.14 所示。

图 3.13 输入正确的用户名和密码

图 3.14 登录成功,转至功能页

(5) 再次访问 login.php,因为 Session 中有登录信息,会直接转至功能页 main.php,如图 3.15 所示。

图 3.15　Session 有值，则不再登录操作，直接转至功能页

8. $_FILES

$_FILES 数组用于接收上传文件。当客户端用 POST 方式提交文件后，会获得了一个$_FILES 数组。$_FILES 数组内容如下：

$_FILES['myFile']['name']，客户端上传文件的原名称。

$_FILES['myFile']['type']，上传文件的 MIME 类型，如"image/gif"。

$_FILES['myFile']['size']，上传文件的大小，单位为字节。

$_FILES['myFile']['tmp_name']，上传文件根据在服务器端存储的临时文件名，可使用系统默认的文件目录存放，也可以通过 php.ini 文件的 upload_tmp_dir 参数来指定。

$_FILES['myFile']['error']，文件上传相关的错误代码。说明如下：

（1）UPLOAD_ERR_OK，文件上传成功。

（2）UPLOAD_ERR_INI_SIZE，文件大小超过了 php.ini 中 upload_max_filesize 选项限制值。

（3）UPLOAD_ERR_FORM_SIZE，文件大小超过了表单中 MAX_FILE_SIZE 选项指定值。

（4）UPLOAD_ERR_PARTIAL，文件只有部分被上传。

（5）UPLOAD_ERR_NO_FILE，文件大小为 0，即没有被成功上传的文件。

【示例 3.20】上传图片文件。

```php
1.  <?php
2.  $msg="";
3.  if($_FILES["file"]){                                   //有上传,判断类型和大小合法
4.      if(in_array($_FILES["file"]["type"],
5.      ["image/jpeg","image/jpg","image/pjpeg","image/x-png","image/png"])){
6.          if($_FILES["file"]["size"]> 300 *1024){
7.              $msg = "图片文件不能超过300KB";
8.          }
9.      }else{
10.         $msg = "类型不匹配(图片文件格式非法)";
11.     }
12.     if ($_FILES["file"]["error"] > 0) {                //合法无错,显示上传文件信息。无错为0
13.         $msg = "上传图片错误: " . $_FILES["file"]["error"];
14.     }else if($msg==""){
15.         echo "上传文件名: " . $_FILES["file"]["name"] . "<br>";
16.         echo "文件类型: " . $_FILES["file"]["type"] . "<br>";
17.         echo "文件大小: " . ($_FILES["file"]["size"] / 1024) . " kB<br>";
18.         echo "文件临时存储的位置: " . $_FILES["file"]["tmp_name"] . "<br>";
```

```
19.          $ext= pathinfo($_FILES["file"]["name"], PATHINFO_EXTENSION);
20.          $path='./upload/'. time(). '.'. $ext; //建立可写入权限的 upload 目录
21.          $moved = move_uploaded_file($_FILES["file"]["tmp_name"], $path);    //移动上传文件
22.          if($moved){
23.              echo "图片上传成功,可单击<a href='". $path. "'target='_blank'>图片</a>查看";
24.          }
25.      }
26.  }
27.  ?>
28.  <font color='red'><?= $msg ?></font>
29.  <form action="<?php $_SERVER['PHP_SELF'] ?>"
30.        method="post" enctype="multipart/form-data">
31.      文件名:<input type="file" name="file" id="file"><br>
32.      <input type="submit" value="提交">
33.  </form>
```

第 2~11 行,对上传文件的类型和大小进行了合法性判断。

第 14~25 行,在上传无错误的情况下,输出了上传文件的一些相关信息,并将文件保存到./upload 目录下(该目录需事先创建,并有允许写入操作权限)。第 20 行,设置上传文件的保存路径,其中,使用 time()函数为文件前缀名,可防止上传文件重名。第 21 行,用 move_uploaded_file()函数将上传的文件从临时目录移动到指定目录中。

第 30 行,特别注意,为保证上传文件正常进行,表单处理方式必须为 POST,enctype 属性值必须为"multipart/form-data"。

在浏览器中测试上传图片,执行过程如下:

(1) 打开网页后,单击文件上传组件的"浏览"按钮,在"打开"窗体中选择一个后端系统无法识别后缀的图片文件 phpLogo.webp,如图 3.16 所示。

图 3.16　选择一个后端系统无法识别的图片文件进行上传

然后单击"提交"按钮,因为上传文件名后缀不符合要求,所以产生如图 3.17 所示的返回界面。

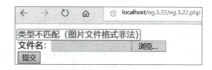

图 3.17　上传文件名后缀不符合要求产生错误提示信息

(2) 改换合法上传文件，如 phpElephant.jpg，如图 3.18 所示。

单击"提交"按钮，上传文件成功，将显示上传文件相关信息，如图 3.19 所示。

图 3.18　改换合法上传文件

图 3.19　显示上传文件相关信息

单击"图片"链接，可显示上传文件，如图 3.20 所示。

实际上，打开 upload 文件夹，可看到上传文件，并且该文件已经换名了，如图 3.21 所示。

图 3.20　单击"图片"链接显示该上传文件

图 3.21　在 upload 文件夹中可看到上传文件

3.9　错误和异常处理

3.9.1　错误处理

PHP 中一旦发生错误，而不做处理，则会将文件名、行号以及错误描述消息发送给浏览器。这样看上去很不专业，也有安全隐患。对此，应该要有一定的错误检测和处理方法。

注意，如果要在页面显示错误信息，需设置 php.ini 相关参数。可在 PhPStudy 中进行如下设置：

单击左侧"设置"菜单项，单击"配置文件"选项卡，单击 php.ini 选项，双击 php7.3.4nts 链接打开 php.ini 文件，修改 error_reporting 值为 E_ALL、display_errors 值为 On，如图 3.22 所示。

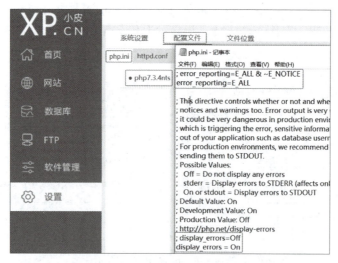

图 3.22　设置 php.ini 相关参数，以便页面显示错误信息

1. 使用 die( ) 函数处理错误，终止脚本

若有如下打开文件代码：

1. <?php
2. $file=fopen("emps.json","r");

显然 emps.json 文件不存在，运行时会抛出错误信息，如图 3.23 所示。

图 3.23　运行时出现错误，会在页面抛出错误信息

此时，可用 die( ) 函数处理错误，输出提示信息，并终止脚本，如下示例所示。

【示例 3.21】发生错误后终止脚本。

1. <?php
2. //$file=fopen("emps.json","r");　　//建议先判断文件是否存在，再进行读操作
3. if(!file_exists("emps.json")){
4. 　　die("emps.json 文件不存在");
5. }else{
6. 　　$file=fopen("emps.json","r");
7. }

第 3 行，用 file_exists( ) 函数判断文件是否存在。如果不存在，显示 "emps.json 文件不存在"；如果存在，则可打开该文件。

使用浏览器访问页面，因为文件不存在，所以显示了如图 3.24 所示结果。

图 3.24　访问页面，显示文件不存在的信息

2. 自定义错误处理器

即创建一个专用函数，在 PHP 中发生错误时调用该函数。该函数必须有能力处理至少两个参数：error_level 和 error_message；可以接受最多五个参数：error_level、error_message、file、line_number 和 error_context。参数作用如下：

（1）error_level，必填，为错误报告级别。具体值为一些数字常量，如下所示：

E_WARNING 值为 2，非致命的运行时错误。不暂停执行。

E_NOTICE 值为 8，运行时通知。在脚本有错误时发生，也可能在脚本正常运行时发生。

E_USER_ERROR 值为 256，用户生成的致命错误。与 trigger_error() 函数设置 E_ERROR 的效果相同。

E_USER_WARNING 值为 512，用户生成的非致命警告。与 trigger_error() 函数设置 E_WARNING 的效果相同。

E_USER_NOTICE 值为 1024，用户生成的通知。与 trigger_error() 函数设置 E_NOTICE 的效果相同。

E_RECOVERABLE_ERROR 值为 4096，可捕获的致命错误。类似于 E_ERROR，但可用处理程序捕获。

E_ALL 值为 8191，为所有错误和警告。

（2）error_message，必需，为错误消息。

（3）error_file，可选，错误发生的文件名。

（4）error_line，可选，错误发生的行号。

（5）error_context，可选，以数组方式出现，包含了当错误发生时每个变量及其值。

实施自定义的错误处理函数，通常包括三个步骤：定义错误处理函数、设置函数为错误处理器、触发错误。

【示例 3.22】创建处理错误函数，并测试使用。

```
1.  <?php
2.  function myErr($errLevel,$errMsg){        //定义错误处理函数,通常用两个参数
3.      echo "<font color='red'>[ $errLevel ] $errMsg </font>";
4.  }
5.  set_error_handler("myErr");               //设置函数为错误处理器
6.  echo($noVar);                             //触发错误
```

第 2~4 行，定义了一个错误处理函数 myErr()。注意，定义了常用的两个参数：error level 和 error message。

第 5 行，将定义的函数 myErr() 设置为错误处理器。

第 6 行，因为 $noVar 未曾定义，因此，用 echo 输出时，会触发"变量未定义"错误。

浏览器访问后，输出结果如图 3.25 所示。

图 3.25 $noVar 未曾定义而调用，会触发"变量未定义"错误

设置函数为错误处理器时，可以定义错误处理器的处理范围。

【示例 3.23】定义错误处理器的处理范围。

```
1.  <?php
2.  function myErr($errLevel,$errMsg){        //定义错误处理函数,通常用两个参数
3.      echo "<font color='red'>[ $errLevel] $errMsg </font><br>";
4.  }
5.  set_error_handler("myErr",E_ALL);         //设置函数为错误处理器,并设置处理范围
6.
7.  echo($noVar);                             //触发错误  [8] Undefined variable: noVar
8.  echo(1/0);                                //触发错误  [2] Division by zero INF
```

第 5 行，在设置 myErr( ) 函数为错误处理器时，同时设置了其处理范围 E_ALL（所有错误和警告都由 myErr( ) 函数处理）。

第 7 行，触发 E_WARNING 级别错误。即级别值为 2，非致命的运行时错误。

第 8 行，触发 E_NOTICE 级别错误。即级别值为 8，用户生成的通知，也是可以执行而非致命错误。

浏览器访问后，输出结果如图 3.26 所示。

图 3.26　运行时触发了 E_NOTICE 和 E_WARNING 两种错误

3. 用 trigger_error( ) 函数触发错误

在代码中可用 trigger_error( ) 函数自动触发错误。

【示例 3.24】判断成绩变量 score 的值，若不在合法范围，则触发错误。

```
1.  <?php
2.  $score=-1;
3.  if($score>100 || $score<0){
4.      trigger_error("成绩值必须[0,100]之内");
5.  }
```

浏览器访问后，输出结果如图 3.27 所示。

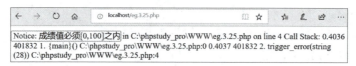

图 3.27　触发错误后页面报错效果

注意，trigger_error( ) 函数触发错误级别默认是 E_USER_NOTICE，通过添加的第二个参数，能设置所触发的错误类型，如 E_USER_ERROR、E_USER_WARNING 等。

3.9.2 异常处理

除了处理错误之外，PHP中还有异常处理。当代码中发生异常时，异常会被抛出并通过异常处理器进行针对性处理。即，根据错误情况，异常处理器可重新开始执行代码，或者终止代码执行，或者从代码中另外的位置继续执行代码。

类似于自定义错误处理程序，可以使用 set_exception_handler() 函数来创建自定义异常处理器。该函数接受一个回调函数作为参数。

1. 抛出异常

当异常被抛出时，如果没有匹配的 catch 代码块来捕获处理，也没有使用 set_exception_handler() 函数做相应处理，将发生一个致命错误（Fatal Error），造成代码无法继续执行，并且抛出未捕获异常（Uncaught Exception）的错误消息。

【示例3.25】判断成绩变量 score 的值，若不在合法范围，则抛出异常。

```php
1.  <?php
2.  $score=-1;
3.  if($score>100 || $score<0){
4.      //trigger_error("成绩值必须[0,100]之内");
5.      throw new Exception("成绩值必须[0,100]之内");
6.  }
7.  echo "继续";
```

第5行，用 throw new Exception() 语句抛出异常，替代了示例3.24中 trigger_error() 函数触发错误代码。此时因为抛出了异常，且未被处理，因此会停止运行，第7行的输出"继续"两字的代码是不会被执行到的。

使用浏览器访问后，将抛出致命错误，如图3.28所示。

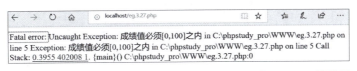

图 3.28　用 throw new Exception() 语句抛出异常且不处理的效果

2. 用 try…catch 处理异常

处理异常代码包括 try 和 catch 两个部分：

可能产生异常的代码应该位于 try 代码块内。如果没有触发异常，则代码继续往下执行；如果触发异常，则会抛出一个异常。

异常用 catch 代码块捕获并处理，而系统会创建一个包含异常信息的异常对象。

【示例3.26】判断输入的成绩值，若不在合法范围内，则抛出异常并处理。

```php
1.  <?php
2.  $msg="";
3.  if(isset($_POST['score'])){
4.      $score=$_POST['score'];
```

```
5.        try{
6.            if($score>100 || $score<0){
7.                throw new Exception("成绩值必须[0,100]之内");
8.            }else{
9.                $msg= "输入成绩值 $score 在准确范围";
10.           }
11.       }catch(Exception $e){
12.           //print_r($e->getMessage()); //Exception Object ([message:protected] => 成绩值…
13.           $msg= "成绩值必须[0,100]之内,请修正";
14.       }
15. }
16. ?>
17. <?= $msg ?>
18. <form method="post" action="">
19.     <input type='text'name="score">
20.     <button type='submit'>提交</button>
21. <form>
```

第5~11行,在try代码块中判断表单输入成绩值是否在合理范围内,若不在范围内,则在第7行抛出异常。

第11~14行,是catch代码块。第11行,用catch(Exception $e) 代码捕获异常变量$e,并做针对处理,其中Exception为顶层异常。第12行,可调用 $e->getMessage()显示来自该异常的错误消息。

浏览器访问测试,过程如下:

(1) 进入页面,在输入框输入正常范围值99,如图3.29所示。

(2) 单击"提交"按钮,显示如图3.30所示结果。

图3.29 输入框输入正常范围值99

图3.30 输入范围内值,则返回正常结果信息

(3) 在输入框输入范围之外的值-2,单击"提交"按钮,显示如图3.31所示结果。

图3.31 输入值在范围之外,则异常抛出后被捕获并提示修正建议

3. 自定义异常处理器

与自定义错误处理器类似,可用set_exception_handler()函数捕获处理异常。通常用于将try…catch未处理的异常统一进行处理。

【示例 3.27】定义函数并设置为异常处理器。

```
1.  <?php
2.  function myExp($e){
3.      echo "异常: ". $e->getMessage();
4.  }
5.  set_exception_handler('myExp');

7.  throw new Exception('不明问题发生');
```

第 2~4 行，定义了函数 myExp()，函数中参数为异常对象。

第 5 行，将 myExp() 函数设置为错误处理器。

第 7 行，抛出一个异常，该异常显然会被 myExp() 函数进行处理。

使用浏览器访问页面，抛出的异常被自定义的异常处理器函数捕获，处理后的结果如图 3.32 所示。

图 3.32　抛出的异常被自定义的异常处理器函数捕获并处理

思考与练习

1. 定义类和创建对象。

定义部门类 Dept，并创建两个部门对象。具体要求如下：

（1）在 Dept 类中含三个属性：$id（部门编号）、$name（部门名称）、$location（部门位置）。

（2）在 Dept 类中定义两个函数，分别用于设置$name 和$location 属性值。

（3）定义一个用于创建部门类对象用的构造函数。注意，创建对象的同时，能对部门三个对象属性进行初始化。

（4）创建两个部门对象，属性值为：（1,财务部,'1001'）、（2,研发部,'1002'）。

2. 父子类继承和函数覆盖。

（1）定义父类 Shape（图形）：内有 whoAmI( ) 函数，输出"我是一个图形"。

（2）定义类 Shape 的子类 Square（正方形）：内有代表边长的$width 属性，以及用于计算面积的 getArea( ) 函数。

（3）在 Square 类中也定义一个 whoAmI( ) 函数，输出"我是一个边长为 width 的正方形"，其中，width 位置用 width 属性值替代。

3. 接口与实现类。

（1）定义接口 ICustomer，内有 1 个用于获取折扣率的抽象函数 getDiscountRate( )。

（2）定义接口 ICustomer 的 2 个实现类 Customer 和 VIP：

Customer 类，实现 getDiscountRate( ) 函数返回 1。

VIP 类，实现 getDiscountRate( ) 函数返回 0.95。

4. 使用名称空间内的函数。

（1）在项目目录中，创建目录 commons，在目录 commons 中创建 dbTools.php 和 formTools.php 文件。

（2）在 dbTools.php 文件中做如下操作：

声明名称空间 Common\Database；

在 Commons\Database 名称空间中，定义一个 getConnection( ) 函数（内容不限）。

（3）在 dbTools.php 文件中做如下操作：

声明名称空间 Commons\Form；

在 Commons\Form 名称空间中，定义一个 filterFormData( ) 函数（内容不限）。

（4）在项目目录中，编写测试文件 testNamespace.php，分别调用 getConnection( )、filterFormData( ) 两个函数。

5. 选用超级全局变量获取表单数据。

具体要求为：设计如图 3.33 所示注册表单，并选用合适的超级全局变量，来获取注册表单提交的数据。

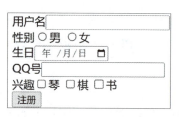

图 3.33　注册表单

第 4 章

PHP 操作数据

本章要点

1. 概念模型设计。
2. 物理模型设计。
3. 在 MySQL 中创建数据表。
4. 使用 PHP 操作数据表中的数据。

学习目标

1. 掌握概念模型分析和物理模型设计。
2. 掌握用工具或 SQL 语句创建数据表。
3. 熟练使用 PDO 链接数据库及实施增、删、改、查操作。
4. 掌握使用 PDO 进行预处理的语句的编写。
5. 掌握使用 PDO 进行事务处理。

PHP 支持众多数据库操作,如 MySQL、MongoDB、MSSQL、Oracle、PostgreSQL、SQLite 等。

MySQL 是一个开放源码的关系型数据库管理系统,其体积小、速度快。PHP 和 MySQL 都是开放源代码产品,并且都可跨平台,被同时广泛应用于各类网站开发中。为此,本章主要介绍 PHP 操作 MySQL 数据库。

MySQL 服务启动后,可以同时管理多个数据库。在数据库中有很多数据库对象,如表、视图、存储过程、存储函数、触发器、索引、用户等。数据存储在数据表中。表是一个相关数据的集合,它包含了列和行。表在编程中极为重要,在 PHP 项目中,最多的操作就是对表中数据的增、删、改、查。

4.1 数据库设计

4.1.1 概念模型设计:E-R 图

设计数据库前,可先进行需求分析,通过设计 E-R 图(Entity Relationship Diagram,实体联系图），明确应用中的实体对象，从而进一步准确设计表结构。

E-R 图用于描述应用中实体对象之间关系的模型，此外，还能直观表示实体的属性情况。E-R 图中，用矩形代表实体，用椭圆代表实体的属性，实体间用菱形代表实体之间关系。

此处假设设计一个员工管理系统，以实现项目中对用户、部门、员工等信息的管理。

1. 用户实体分析

用户相关功能涉及页面有登录页、注册页、密码修改页。

分析各页面，输入、修改、显示信息有用户名、密码、真实姓名，对此可得出如图 4.1 所示的用户 E-R 图。

注意，以上用户 ID 是实体的唯一标识，虽然设计页面上可能没有直接显示，但当进行编辑、删除等操作时会用到，因此，作为属性应该添加上。出于同样的原因，在其他实体上一般都加上 ID 属性。

2. 部门实体分析

部门管理相关功能涉及页面有部门管理主页、部门添加页、部门编辑页。

分析各页面，输入、修改、显示信息有部门名称、部门位置，对此可得出如图 4.2 所示的部门 E-R 图。

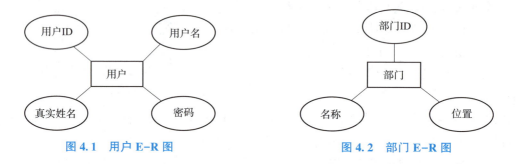

图 4.1　用户 E-R 图　　　　　　　　图 4.2　部门 E-R 图

3. 员工实体分析

员工管理相关功能涉及页面有员工管理主页、员工添加页、员工编辑页。

分析各页面，输入、修改、显示信息有员工姓名、性别、照片 URL、生日、所属部门，对此可得出如图 4.3 所示的员工 E-R 图。

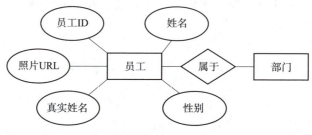

图 4.3　员工 E-R 图

4.1.2 物理模型设计：数据表

依据 E-R 图概念模型分析结果，有 3 个实体类，对应着设计 3 张数据表，见表 4.1~表 4.3。

表 4.1 t_user 表

字段名	类型	可否为 Null	主键/外键	描述
id	int	否	主键	用户 ID，自动增量
uname	varchar(50)	否	否	登录用户名
utruename	varchar(50)	否	否	真实姓名
upwd	varchar(200)	否	否	登录密码

表 4.2 t_dept 表

字段名	类型	可否为 Null	主键/外键	描述
id	int	否	主键	部门 ID，自动增量
dname	varchar(50)	否	否	部门名称
dlocation	varchar(200)	否	否	部门位置

表 4.3 t_emp 表

字段名	类型	可否为 Null	主键/外键	描述
id	int	否	主键	员工 ID，自动增量
ename	varchar(50)	否	否	姓名
eimg_url	varchar(200)	是	否	照片文件的 URL
esex	char(1)	是	否	性别
ebirth	datetime	是	否	生日
dept_id	int	是	外键	引用部门表主键

4.1.3 在 MySQL 中创建数表

启动 PhPStudy 中集成的 MySQL 服务，利用 SQL Front 工具创建数据库 empdb，然后建立相应表 t_dept（部门表）、t_emp（员工表）、t_user（用户表），并在表中添加一些测试数据。具体过程如下：

1. 启动 MySQL 服务

在 PhPStudy 中，单击左侧"首页"菜单，单击 MySQL 的"启动"按钮，可启动 MySQL 服务，如图 4.4 所示。

2. SQL Front 工具连接 MySQL

为了便于观察和操作，打开 MySQL 可视化管理工具 SQL Front。步骤如下：

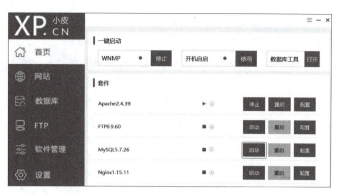

图 4.4 启动 MySQL

在 PhPStudy 中，单击左侧"软件管理"菜单，单击 SQL Front 的"管理"按钮，如图 4.5 所示。

图 4.5 单击 SQL Front 的"管理"按钮

注意，如果 SQL Front 工具尚未安全，可单击右侧"安装"按钮，按照提示进行安装。

在 SQL Front 窗体的"打开登录信息"弹出框中，单击"新建"按钮，然后在"添加说明"弹出框中，输入与 MySQL 服务连接的相关参数：说明名称（如 my）、连接 Host（MySQL 所在主机，如 localhost）、密码（root 账号的密码，如 root）等，单击"确定"按钮，最后在"打开登录信息"弹出框中单击"打开"按钮，如图 4.6 所示。

图 4.6 新建 MySQL 连接

与 MySQL 建立连接后的 SQL Front 窗体如图 4.7 所示。

图 4.7　与 MySQL 建立连接后的 SQL Front 窗体

3. 新建数据库

可以用 SQL 命令 "create database 数据库名" 来创建数据库，也可以用可视化工具，如 SQL Front 进行如下操作：

右击 "localhost" 服务，选择 "新建" 选项，单击 "数据库"，如图 4.8 所示。

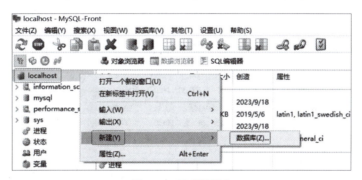

图 4.8　新建数据库

输入新数据库的名称（如 empdb），选择字符集和字符集校对，如图 4.9 所示。

图 4.9　输入新建数据库名称和相关参数

4. 创建数据表

（1）单击选择新建数据库 empdb，单击"数据库"→"新建"→"表格"选项，如图 4.10 所示。

（2）在"添加表格"窗体中，输入名称（表名，如 t_dept），选择合适的字符集和字符集校对（如 utf8、utf8_general_ci），然后单击"确定"按钮，如图 4.11 所示。

图 4.10　新建数据表　　　　　　　　图 4.11　创建数据表

（3）右击新建数据库（如 t_dept），单击"新建"→"字段"选项，如图 4.12 所示。

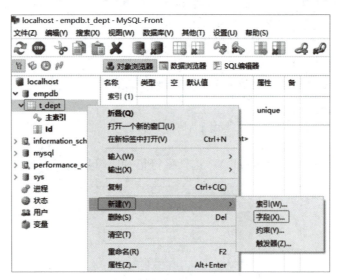

图 4.12　为表新增字段

（4）在"字段配置"窗体中，输入字段名称（如 dname，即部门名称）、字段类型（VarChar，即变长字符）、长度（50，即最多 50 个字符），如图 4.13 所示。

（5）继续设置其他字段，如增加 varchar 类型的 dlocation（部门位置）字段，如图 4.14 所示。

图 4.13 增加字段并设置类型

图 4.14 增加部门位置字段 dlocation

完成字段设置后的部门表结构如图 4.15 所示。

图 4.15 完成字段设置后的部门表结构

(6) 为部门表加入测试数据,如图 4.16 所示。

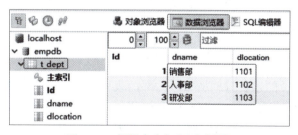

图 4.16 部门表中加入测试数据

(7) 使用 SQL 编辑器直接创建表和插入数据。

在 SQL Front 工具中,使用类似的操作,可完成 t_user 表和 t_emp 表的创建和测试数据的插入。当然,实际上,所有可视化操作最后也是执行了相应 SQL 语句。因此,也可以用 SQL 直接完成数据表的创建和测试数据的插入。如图 4.17 所示,单击"SQL 编辑器",显示"SQL 编辑器"输入框。

图 4.17　进入"SQL 编辑器"输入框界面

然后,在"SQL 编辑器"输入框中执行如下 SQL 语句:

```sql
create table t_user(
    id int auto_increment primary key ,
    uname varchar(50) not null,
    utruename varchar(50) not null,
    upwd varchar(200) not null
);
create table t_dept(
    id int auto_increment primary key ,
    dname varchar(50) not null,
    dlocation varchar(200)
);
create table t_emp(
    id int auto_increment primary key ,
    ename varchar(50) not null,
    eimg_url varchar(200),
    esex char(1) ,
    ebirth datetime ,
    dept_id int references t_dept(id)
);
insert into t_user(uname,utruename,upwd) values ('admin','超管','12345');
insert into t_dept(dname,dlocation) values ('销售部',1101),('人事部',1102),('研发部',1103);
insert into t_emp(ename, eimg_url, esex, ebirth, dept_id)
values ('张珊','photo/avatar20. png','女','2000/4/30',1),
       ('丽丝','photo/avatar39. png','女','2000/3/12',2),
       ('王武','photo/avatar12. png','男','2000/8/15',null);
```

说明:admin 为预设的超级管理员账号;部门表中加入 3 个部门;员工表中加入 3 个员工,其中,"王武"对应 dept_id 字段值为 null,代表该员工未分配部门。

单击"执行"按钮执行 SQL 编辑器中的 SQL 语句,如图 4.18 所示。

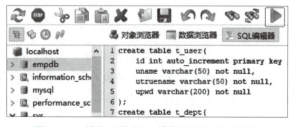

图 4.18　单击"执行"按钮执行 SQL 语句

然后单击"刷新"按钮，在 empdb 数据库中出现了三张表，表中也插入了相应数据，如图 4.19 所示。

图 4.19　数据表已创建，数据也已插入

4.2　PHP 操作表中数据

PHP 与 MySQL 的连接交互有三种 API 接口，分别是 PHP 的 MySQL 扩展、PHP 的 MySQLi 扩展、PHP 数据对象（PDO）。其中，PDO 可跨库（即可访问不同数据库产品）且读写速度快，因此开发者更多倾向于使用 PDO。本书中也将使用 PDO 进行数据库交互开发。

PDO 是 PHP Data Object 的缩写，是由 MySQL 官方封装的，给予面向对象编程思想的数据库操作抽象层。推出 PDO 的初始原因是：大部分 PHP 开发者习惯于使用 PHP 操作 MySQL，造成操作其他数据库产品时，会模仿 MySQL 的 API，但是数据库产品间总会有些不同，所以，当使用其他数据库产品时，总会遇到困难。PDO 诞生的目的，就是提供一个有一致标准的数据库访问 API。

4.2.1　连接数据库

PhPStudy 中，高版本的 PHP 中已经默认配置好了 PDO，可用 phpinfo( ) 函数查看到，如图 4.20 所示。

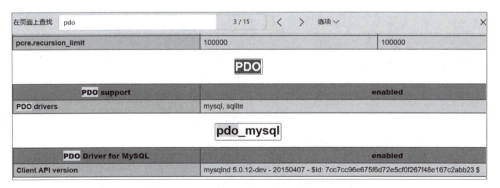

图 4.20　PhPStudy 中已经配置了 PDO

通过实例化 PDO 对象，就可建立与数据库的连接。

【示例4.1】 实例化 PDO 对象建立与数据库的连接。

```php
1.  <?php
2.  $host = "localhost";
3.  $dbname="empdb";
4.  $username = "root";
5.  $password = "root";
6.  $dsn="mysql:host=$host;dbname=$dbname";
7.  try {
8.      $conn = new PDO($dsn, $username, $password);
9.      $conn->setAttribute(PDO::ATTR_ERRMODE, PDO::ERRMODE_EXCEPTION);
10.     echo "连接成功<br>";
11.     //$conn = NULL;               //使用完毕后关闭连接,可设置为 NULL,销毁对象
12. }catch(PDOException $e){
13.     echo $e->getMessage();
14. }
```

第 7~13 行,在连接成功后,会返回一个 PDO 对象,而连接失败则会抛出 PDOException 异常,因此总体上采用 try…catch 语句处理。

第 8 行,实例化 PDO 建立一个与 MySQL 数据库的连接。第一个参数为 DNS(Data Source name,数据源),包括了数据库连接协议(如 mysql)、主机名(如 localhost)、数据库名(如 empdb)。当然,默认端口号改变也可设置其内。如下所示:

```
$dsn="mysql:host=localhost;dbname=empdb;port=3306";
```

第二个参数为数据库访问用户,第三个参数为用户使用的密码。

第 9 行,为便于调试,设置 PDO 对象的错误模式为 ERRMODE_EXCEPTION,否则 SQL 异常是不会被抛出的。

第 11 行,PDO 连接使用完毕后,应关闭。即通过设置连接对象值为 NULL(不再被引用),从而销毁连接对象。

输出结果为:

```
连接成功
```

4.2.2 增、删、改操作

可使用 PDO 示例的 exec() 函数执行 SQL 语句,并返回影响数据的行数。exec() 函数通常应用于 INSERT INTO、DELETE、UPDATE(增、删、改)SQL 语句操作。

【示例4.2】 通过 PDO API 添加部门信息。

```php
1.  <?php
2.  include './eg.3.30.php';           //获得 PDO 连接$conn
3.  try{
4.      $row=$conn->exec("insert into t_dept(dname,dlocation) values('测试部','1104')");
5.      if($row>0){
```

```
6.          echo '部门数据添加成功';
7.      }else{
8.          echo '部门数据添加失败';
9.      }
10.     $conn=null;
11. }catch(PDOException $e){
12.     echo "数据库操作异常 $e";
13. }
```

第 2 行，通过 include 命令导入 PDO 连接对象。

第 4 行，调用 PDO 的实例函数 exec( ) 执行 INSERT INTO 语句，实现部门信息的添加。exec( ) 函数返回的是影响数据的行数值，因此，可以通过判断来确认是否添加成功。

输出结果为：

连接成功
部门数据添加成功

在 SQL Front 中可观察到有新数据被插入 t_dept 表中了，如图 4.21 所示。

图 4.21　通过 PDO API 添加部门数据成功

【示例 4.3】通过 PDO API 修改部门信息。

```
1.  <?php
2.  include './eg.3.30.php';                //获得 PDO 连接$conn
3.  try{
4.      $row=$conn->exec("update t_dept set dname='测试组',dlocation='1106'where id=4");
5.      if($row>0){
6.          echo '部门数据修改成功';
7.      }else{
8.          echo '部门数据修改失败';
9.      }
10.     $conn=null;
11. }catch(PDOException $e){
12.     echo "数据库操作异常 $e";
13. }
```

第 4 行，调用 PDO 的实例函数 exec( )，执行 UPDATE 语句，实现部门信息的修改。exec( ) 函数返回的是影响数据的行数值，因此，可以通过判断来确认是否修改成功。

输出结果为：

连接成功
部门数据修改成功

在 SQL Front 中可观察到在 t_dept 表中相关数据被修改了，如图 4.22 所示。

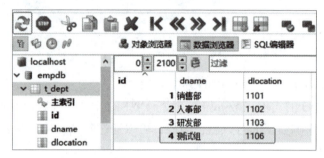

图 4.22　通过 PDO API 修改部门数据成功

【示例 4.4】通过 PDO API 删除部门信息。

```
1.  <?php
2.  include './eg.3.30.php';           //获得 PDO 连接$conn
3.  try{
4.      $row=$conn->exec("delete from t_dept where id=4");
5.      if($row>0){
6.          echo '部门数据删除成功';
7.      }else{
8.          echo '部门数据删除失败';
9.      }
10.     $conn=null;
11. }catch(PDOException $e){
12.     echo "数据库操作异常 $e";
13. }
```

第 4 行，调用 PDO 的实例函数 exec( )，执行 DELETE 语句，实现部门信息的删除。exec( )函数返回的是影响数据的行数值，因此，可以通过该返回值来判断是否删除成功。

输出结果为：

连接成功
部门数据删除成功

在 SQL Front 中可观察到在 t_dept 表中相关数据被删除了，如图 4.23 所示。

图 4.23　通过 PDO API 删除部门数据成功

第 4 章　PHP 操作数据

4.2.3　查询操作

可使用 PDO 示例的 query( ) 函数执行查询 SQL 语句,返回值是 PDOStatement 类型的结果集。然后可用 foreach 语句逐行获取数据。

【示例 4.5】通过 PDO API 获取部门所有信息。

```
1.    <?php
2.    include './eg.3.30.php';  //获得 PDO 连接$conn
3.    try{
4.        $rows=$conn->query("select id,dname,dlocation from t_dept");
5.        foreach ($rows as $row){
6.            print_r($row); echo '<br>';
7.        }
8.        $conn=null;
9.    }catch(PDOException $e){
10.       echo "数据库操作异常 $e";
11.   }
```

第 4 行,调用 PDO 的实例函数 query( ),执行 SELECT 语句,实现部门信息的查询。query( ) 函数返回的是结果集,因此,在第 5～7 行,可通过 foreach 语句输出结果集中每行数据。

输出结果为:

```
连接成功
Array ( [id] => 1 [0] => 1 [dname] =>销售部 [1] => 销售部 [dlocation] => 1101 [2] => 1101 )
Array ( [id] => 2 [0] => 2 [dname] =>人事部 [1] => 人事部 [dlocation] => 1102 [2] => 1102 )
Array ( [id] => 3 [0] => 3 [dname] =>研发部 [1] => 研发部 [dlocation] => 1103 [2] => 1103 )
```

4.2.4　预处理语句

在 PHP 中,可以使用预处理语句来执行数据库 SQL 语句。在处理预处理语句时,数据库会先编译 SQL 语句,然后将参数与编译后的 SQL 语句进行绑定。预处理语句处理高效,并且可防止 SQL 注入攻击,因而通常被认为是一种更安全、更有效和更可靠的方式。

PDO 使用 prepare( ) 函数执行 SQL 预处理语句,得到一个 PDOStatement 对象。SQL 预处理通常有两种方式:

(1) 问号数据占位符:以"?"作为参数。

【示例 4.6】使用问号数据占位符插入部门信息。

```
1.    <?php
2.    include './eg.3.30.php';                //获得 PDO 连接$conn
3.    try{
4.        $stm=$conn->prepare("insert into t_dept(dname,dlocation) values(?,?)");
5.        $stm->bindValue(1,'测试部');
6.        $stm->bindValue(2,'1234');
```

```
7.        $succ=$stm->execute();
8.        if($succ){
9.             echo '部门数据添加成功';
10.       }else{
11.            echo '部门数据添加失败';
12.       }
13.       $conn=null;
14. }catch(PDOException $e){
15.       echo "数据库操作异常 $e";
16. }
```

第 4 行，调用 PDO 的实例函数 prepare()，执行 INSERT INTO 语句，实现部门信息的添加。注意，此处 SQL 语句中使用了两个？号占位符，分别代表了 dname 值和 dlocation 值。

第 5~6 行，用 bindValue() 函数绑定了占位符的值。注意，位置值从 1 开始。

第 7 行，用 execute() 函数执行 SQL 语句，执行成功返回 true，执行失败返回 false。

为了便于设置数据，在执行 execute() 函数时，可使用索引数组参数替代 bindValue() 函数逐一设置效果。如下所示：

```
$stm=$conn->prepare("insert into t_dept(dname,dlocation) values(?,?)");
// $stm->bindValue(1,'测试部');
// $stm->bindValue(2,'1234');
// $succ=$stm->execute();
$succ=$stm->execute(['测试部','1234']);
```

输出结果为：

```
连接成功
部门数据添加成功
```

在 SQL Front 中可观察到有新数据被插入 t_dept 表中，如图 4.24 所示。

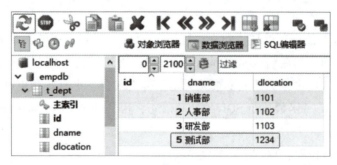

图 4.24　新数据被插入 t_dept 表中

（2）命名参数：以有意义的字符串作为命名参数，前面加冒号。

【示例 4.7】使用命名参数占位符插入部门信息。

```
1. <?php
2. include './eg.3.30.php';           //获得 PDO 连接$conn
3. $name='生产部';
```

```
4.    $location='1019';
5.    try{
6.        $stm=$conn->prepare("insert into t_dept(dname,dlocation) values(:name,:location)");
7.        $stm->bindParam(":name",$name); //$stm->bindParam(":name",'生产部');
8.        $stm->bindParam(":location",$location);
9.        $succ=$stm->execute();
10.       if($succ){
11.           echo '部门数据添加成功';
12.       }else{
13.           echo '部门数据添加失败';
14.       }
15.       $conn=null;
16.   }catch(PDOException $e){
17.       echo "数据库操作异常 $e";
18.   }
```

第 6 行，调用 PDO 的实例函数 prepare( )，执行 INSERT INTO 语句，实现部门信息的添加。需注意的是，SQL 语句中使用命名参数占位符，分别代表 dname 值和 dlocation 值。

第 7~8 行，用 bindParam( ) 函数绑定了占位符的值。注意，bindParam( ) 函数中第二个参数不能使用常量，如果此处使用"生产部"字符串直接输入，则会报错。

第 9 行，用 execute( ) 函数执行 SQL 语句，执行成功返回 true，执行失败返回 false。

为了便于设置数据，在执行 execute( ) 函数时，可使用关联数组参数替代 bindParam( ) 函数逐一设置效果。如下所示：

```
$stm=$conn->prepare("insert into t_dept(dname,dlocation) values(:name,:location)");
// $stm->bindParam(":name",$name);//$stm->bindParam(":name",'生产部');
// $stm->bindParam(":location",$location);
// $succ=$stm->execute();
$succ=$stm->execute([':name'=>'生产部',':location'=>'1019']);
```

输出结果为：

```
连接成功
部门数据添加成功
```

在 SQL Front 中可观察到有新数据被插入 t_dept 表中，如图 4.25 所示。

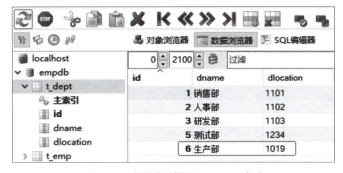

图 4.25　新数据被插入 t_dept 表中

4.2.5 返回结果集

在 PDO 中，主要用 PDOStatement 的 fetch()、fetchObject()和 fetchAll()函数来处理查询的结果集。

1. fetch 函数

使用 fetch()函数可以从结果集中获取下一行数据（类型为数组）。

调用 fetch()函数时，还可指定返回数组的类型，默认值为 PDO:FETCH_BOTH（返回索引数组和列名关联数组）。开发时，该值可指定为：

PDO::FETCH_ASSOC，返回关联数组（列名为键）。

PDO::FETCH_NUM，返回索引数组（下标值从 0 开始）。

PDO::FETCH_OBJ，返回匿名对象（对象属性名为列名）。

【示例 4.8】用 fetch()函数返回指定类型的单行部门信息。

```
1.  <?php
2.  include './eg.3.30.php';          //获得 PDO 连接$conn
3.  try{
4.      $stm=$conn->query("select id,dname,dlocation from t_dept");
5.      print_r( $stm->fetch() ); echo '<br>';
6.      print_r( $stm->fetch(PDO::FETCH_ASSOC) ); echo '<br>';
7.      print_r( $stm->fetch(PDO::FETCH_NUM) ); echo '<br>';
8.      print_r( $stm->fetch(PDO::FETCH_OBJ) ); echo '<br>';
9.      $conn=null;
10. }catch(PDOException $e){
11.     echo "数据库操作异常 $e";
12. }
```

第 5 行，调用不带参数的 fetch()函数，实际返回下一行（此处第一行）索引数组和列名关联数组（PDO:FETCH_BOTH）结果。

第 6 行，调用 fetch(PDO::FETCH_ASSOC)函数，实际返回下一行（此处第二行）列名关联数组结果。

第 7 行，调用 fetch(PDO::FETCH_NUM)函数，实际返回下一行（此处第三行）索引数组结果。

第 8 行，调用 fetch(PDO::FETCH_OBJ)函数，实际返回下一行（此处第四行）对象结果。

输出结果为：

```
连接成功
Array ( [id] => 1 [0] => 1 [dname] =>销售部 [1] => 销售部 [dlocation] => 1101 [2] => 1101 )
Array ( [id] => 2 [dname] =>人事部 [dlocation] => 1102 )
Array ( [0] => 3 [1] =>研发部 [2] => 1103 )
stdClass Object ( [id] => 5 [dname] =>测试部 [dlocation] => 1234 )
```

2. fetchObject 函数

用 fetchObject()函数返回对象类型的一行数据，若未取到数据，则返回 false。这在获取单行数据时非常好用。

【示例4.9】用 fetchObject( ) 函数获取 id 值为 1 的部门信息。

```php
1.  <?php
2.  include './eg.3.30.php';              //获得PDO连接$conn
3.  try{
4.      $stm=$conn->query("select id,dname,dlocation from t_dept where id=1");
5.      $dept=$stm->fetchObject();
6.      if($dept){
7.          print_r($dept);
8.      }else{
9.          echo '未取到 id 值为 1 的部门';
10.     }
11. }catch(PDOException $e){
12.     echo "数据库操作异常 $e";
13. }
14. $conn=null;
```

第 4 行，SQL 查询 id 值为 1 的部门信息。

第 5 行，用 PDOStatement 的 fetchObject( ) 方法返回部门对象值（匿名对象形式）。

输出结果为：

```
连接成功
stdClass Object ( [id] => 1 [dname] =>销售部 [dlocation] => 1101 )
```

注意，若返回的是单值，如查询最大值（max）、最小值（min）、个数（count）等查询操作，可使用 fetchColumn(0) 函数来获取。代码如下所示：

```php
1.  <?php
2.  include './eg.3.30.php'; //获得PDO连接$conn
3.  try{
4.      $stm=$conn->query("select count(1) from t_dept");
5.      $count=$stm->fetchColumn(0);
6.      echo "部门共有{$count}个";
7.
8.  }catch(PDOException $e){
9.      echo "数据库操作异常 $e";
10. }
11. $conn=null;
```

输出结果为：

```
连接成功
部门共有 5 个
```

3. fetchAll 函数

用 fetchAll( ) 函数返回结合集中所有行的数组。和 fetch( ) 函数类似，也可指定返回数组中每行数据的类型：PDO:FETCH_BOTH（索引数组和关联数组）、PDO::FETCH_ASSOC（关联数组）、PDO::FETCH_NUM（索引数组）、PDO::FETCH_OBJ（匿名对象）。

【示例 4.10】 用 fetchAll( ) 函数获取部门所有信息。

```php
1.  <?php
2.      include './eg.3.30.php';              //获得 PDO 连接 $conn
3.      try{
4.          $stm=$conn->query("select id,dname,dlocation from t_dept");
5.          print_r( $stm->fetchAll(PDO::FETCH_ASSOC) ); echo '<br><br>';
6.          $stm=$conn->query("select id,dname,dlocation from t_dept");
7.          print_r( $stm->fetchAll(PDO::FETCH_NUM) ); echo '<br><br>';
8.          $stm=$conn->query("select id,dname,dlocation from t_dept");
9.          print_r( $stm->fetchAll(PDO::FETCH_OBJ)); echo '<br><br>';
10.         $conn=null;
11.     }catch(PDOException $e){
12.         echo "数据库操作异常 $e";
13.     }
```

第 5 行，调用 fetchAll(PDO::FETCH_ASSOC) 函数，返回数组中每个元素为关联数组。

第 7 行，调用 fetchAll(PDO::FETCH_NUM) 函数，返回数组中每个元素为索引数组。

第 9 行，调用 fetchAll(PDO::FETCH_OBJ) 函数，返回数组中每个元素为对象。

输出结果为：

```
连接成功
Array ([0] => Array ([id] => 1 [dname] =>销售部 [dlocation] => 1101 ) [1] => Array ([id] => 2 [dname] => 人事部 [dlocation] => 1102 ) [2] => Array ([id] => 3 [dname] => 研发部 [dlocation] => 1103 ) [3] => Array ([id] => 5 [dname] => 测试部 [dlocation] => 1234 ) [4] => Array ([id] => 6 [dname] => 生产部 [dlocation] => 1019 ) )

Array ([0] => Array ([0] => 1 [1] =>销售部 [2] => 1101 ) [1] => Array ([0] => 2 [1] => 人事部 [2] => 1102 ) [2] => Array ([0] => 3 [1] => 研发部 [2] => 1103 ) [3] => Array ([0] => 5 [1] => 测试部 [2] => 1234 ) [4] => Array ([0] => 6 [1] => 生产部 [2] => 1019 ) )

Array ([0] => stdClass Object ([id] => 1 [dname] =>销售部 [dlocation] => 1101 ) [1] => stdClass Object ([id] => 2 [dname] => 人事部 [dlocation] => 1102 ) [2] => stdClass Object ([id] => 3 [dname] => 研发部 [dlocation] => 1103 ) [3] => stdClass Object ([id] => 5 [dname] => 测试部 [dlocation] => 1234 ) [4] => stdClass Object ([id] => 6 [dname] => 生产部 [dlocation] => 1019 ) )
```

4.2.6 事务处理

事务处理用于保证同一个事务中的操作（增、删、改）具有同步性，在 PDO 中，主要通过 PDO 实例的四个函数实施：

（1） beginTransaction( )，启动事务。

（2） commit( )，提交事务。

（3） inTransaction( )，检查是否在事务中。（较少使用）

（4） rollback( )，回滚事务。

【**示例 4.11**】事务操作：有一条 SQL 执行异常，全部操作回滚。

```
1.  <?php
2.  include './eg.3.30.php';                    //获得 PDO 连接$conn
3.  //设置 PDO 对象的错误模式为 ERRMODE_EXCEPTION,否则 SQL 异常是不会被抛出的
4.  $conn->setAttribute(PDO::ATTR_ERRMODE, PDO::ERRMODE_EXCEPTION);
5.  $conn->beginTransaction();
6.  try{
7.      $stm=$conn->prepare("insert into t_dept(dname,dlocation) values(:name,:location)");
8.      $stm->execute([':name'=>'生产2部',':location'=>'1022']);
9.      $conn->exec("insert into dept(dname,dlocation) values('test','test')");
10.     $conn->commit();
11. }catch(Exception $e){
12.     $conn->rollBack();
13.     echo "数据库操作异常 $e";
14. }
15. $conn=null;
```

第 4 行，必须设置 PDO 对象的错误模式为 PDO::ERRMODE_EXCEPTION，否则默认情况下为 PDO::SILENT，第 9 行 SQL 执行异常是不会被抛出的。

第 5~14 行，为事务处理代码块。第 5 行用$conn->beginTransaction()代码启动事务，第 10 行用 $conn->commit()代码提交事务中所有操作，第 12 行在 catch 代码块中用$conn->rollBack()回滚事务（撤销事务中所有操作）。因为此处第 9 行中插入 SQL 的表名有误，所以会抛出异常，第 12 行回滚得以执行。

在 SQL Front 中查看结果，发现第 9 行代码的插入"生产 2 部"操作并未成功，如图 4.26 所示。

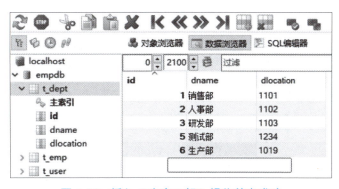

图 4.26 插入"生产 2 部"操作并未成功

思考与练习

1. 创建数据库 dessertDB，编写 PHP 函数 getDBConn()获得 dessertDB 的连接。
2. 在数据库 dessertDB 中创建分类信息表 t_category，并添加测试数据。
（1）参考表 4.4 所列的字段要求，创建数据表 t_category。

表 4.4　t_category 表

字段名	类型	可否为 Null	主键/外键	描述
id	int	否	主键	分类 ID，自动增量
cname	varchar(50)	否	否	分类名称
cdescp	varchar(200)	否	否	分类描述

（2）为数据表 t_category 添加如下 2 条数据。

('传统甜品', '精致到不忍下嘴的传统甜品，个个都经典')，

('凉粉系列', '创意凉粉系列，将凉粉民间小吃融入菜肴')。

3. 通过 exec( ) 函数添加分类信息。

添加的分类信息为：('雪山系列', '造型高颜值，口感绵软软，越嚼越有嚼劲')。

4. 通过 exec( ) 函数修改 id 值为 3 的分类信息。

新值改为：('高冷雪山', '主打造型高冷，入口绵软软，越嚼越有劲头')；

5. 通过 exec( ) 函数删除 id 值为 3 的分类信息。

6. 通过 query( ) 函数获取所有分类，并用 foreach 语句逐行显示。

7. 使用 prepare( ) 函数执行 SQL 预处理语句，实现添加分类信息功能。

添加的分类信息为：('醇香系列', '跨界奇妙混合，口感独特，越吃越上头')。

8. 用 fetchObject( ) 函数获取 id 值为 1 的分类信息。

9. 用 fetchColumn(0) 函数获取分类信息的个数。

10. 用 fetchAll( ) 函数获取所有分类信息。

第 5 章

增、删、改、查实践

本章要点

1. 数据库连接通用函数。
2. 表数据的增、删、改通用函数。
3. 表数据的各种通用查询函数：多行、单行、单值、返回自增主键等。
4. 表数据的综合管理：分页查询和增、删、改。

学习目标

1. 使用 PDO 技术，能编程实现返回数据库连接的通用函数，并能在实践中应用。

2. 使用 PDO 技术，能编程实现增、删、改操作的通用函数，并能在实践中应用。

3. 使用 PDO 技术，能编程实现包括多行、单行、单值、返回自增主键等在内的多个通用查询函数，并能在实践中灵活应用它们。

4. 提升综合编程能力，能熟练应用自定义的通用函数，实现对表数据的分页查询和增、删、改功能。

5.1 连接数据库通用函数

项目中，通常使用 PDO 技术来创建一个通用的 MySQL 数据库连接对象。

【示例5.1】创建通用的 MySQL 数据库连接函数。

创建 dbTool.php 文件，代码如下：

```
1.   <?php
2.   function getConn(){
3.       $host = "localhost";
4.       $dbname="empdb";
5.       $username = "root";
6.       $password = "root";
7.       $dsn="mysql:host=$host;dbname=$dbname";
8.       try {
9.           $conn = new PDO($dsn, $username, $password);
10.          //设置连接错误模式为PDO::ERRMODE_EXCEPTION,否则SQL异常不抛出
11.          $conn->setAttribute(PDO::ATTR_ERRMODE, PDO::ERRMODE_EXCEPTION);
```

```
12.            //echo "连接成功<br>";
13.            //$conn = NULL;
14.        }catch(PDOException $e){
15.            echo $e->getMessage();        //用于开发环境,异常显示到页面上
16.            //error_log($e->getMessage(),3,'c:/php_errors.log');   //产品环境
17.        }
18.        return $conn;
19.    }
20.    //$conn = getConn();                  //require 文件后,获取连接代码
```

去除第 12 行和第 20 行的注释符号,执行后,显示"连接成功",则说明创建数据库连接没有问题。接着,再注释掉这两行。

第 3~6 行的参数值可根据数据库所在环境进行修改。

第 11 行,将连接对象的错误模式设置为 PDO::ERRMODE_EXCEPTION,否则,在默认情况下,SQL 异常不会被抛出。

第 15 行的 echo 输出异常信息并不安全,适用于开发环境。但部署项目时,即产品环境中,建议调用第 16 行的 error_log() 函数将异常信息写入日志文件中。error_log() 函数中,第一个参数是错误信息的字符串;第二个参数表示发送错误的方式,0 代表写入本地系统的 PHP 错误日志中、1 代表发送到指定邮箱、2 代表发送到远程的服务器、3 代表追加到指定本地文件中,此处选择 3 方式;第三个参数是要写入日志的路径。

5.2 表数据增、删、改通用函数

项目中,通常修改数据表(增、删、改)操作都是针对单表的,在代码上主要是 SQL 和占位值的变化,整体上类似,因此可实现一个通用的数据表增、删、改操作函数 execSQL()。

【示例 5.2】数据表增、删、改操作通用函数。

在 dbTool.php 文件中添加函数 execSQL(),代码如下:

```
1.  // … 此处省略 18 行 getConn()函数代码
2.  function execSQL($sql,$params){
3.      $conn = getConn();
4.      $stm = $conn->prepare($sql);
5.      $count = $stm->execute($params);          //返回影响行数
6.      $conn = null;                              //关闭连接
7.      return $count;
8.  }
```

execSQL() 函数中,$sql 参数为增、删、改 SQL 语句,$params 参数为$sql 中占位值对应的数组。

测试添加部门表数据,执行如下代码:

```
1.  <?php
2.  include 'dbTool.php';
```

```
3.  $sql="insert into t_dept(dname,dlocation) values(:name,:loc)";
4.  $params=[":name"=>'测试组',":loc"=>"1234"];
5.  $rowCount = execSQL($sql,$params);
6.  if($rowCount>0){
7.      echo '插入部门数据成功';
8.  }else{
9.      echo '插入部门数据失败';
10. }
```

在 SQL Front 中，可观察到多了一行部门数据"测试组"，如图 5.1 所示。

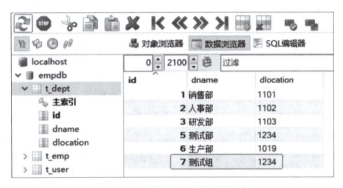

图 5.1　添加部门表数据成功

同理，可实施修改操作，代码如下：

```
1.  <?php
2.  include 'dbTool.php';
3.  $sql="update t_dept set dname=:newName,dlocation=:newLoc where dname=:name";
4.  $params=[":name"=>'测试组',":newLoc"=>"4321",":newName"=>"测试2组"];
5.  $rowCount = execSQL($sql,$params);
6.  if($rowCount>0){
7.      echo '修改部门数据成功';
8.  }else{
9.      echo '修改部门数据失败';
10. }
```

在 SQL Front 中，可观察到部门表相应的行数据已被修改，如图 5.2 所示。

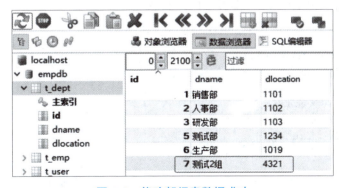

图 5.2　修改部门表数据成功

当然，也可实施删除操作，代码如下：

```
1.  <?php
2.  include 'dbTool.php';
3.  $sql="delete from t_dept where id=:id";
4.  $params=[":id"=>7];
5.  $rowCount = execSQL($sql,$params);
6.  if($rowCount>0){
7.      echo '删除部门数据成功';
8.  }else{
9.      echo '删除部门数据失败';
10. }
```

在 SQL Front 中，可观察到部门表相应的行数据已被删除，如图 5.3 所示。

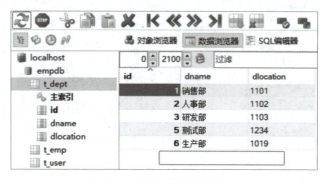

图 5.3　删除部门表数据成功

5.3　数据查询通用函数

为便于在项目中进行查询操作，可实现如下几个通用的数据查询操作函数：queryAll( ) 用于获取数组类型的多行数据；queryObject( ) 用于获取对象类型的单行数据；queryScalar( ) 用于获取单值数据。

5.3.1　多行数据获取

【示例 5.3】queryAll( ) 获取数组类型的多行数据。

在 dbTool.php 文件中添加函数 queryAll( )，代码如下：

```
1.  // … 此处省略 getConn()和 execSQL()函数代码
2.  function queryAll($sql,$params){
3.      $conn = getConn();
4.      $stm = $conn->prepare($sql);
5.      $stm->execute($params);
6.      $rows = $stm->fetchAll();
7.      $conn = null; //关闭连接
8.      return $rows;
9.  }
```

第 6 行，用 fetchAll( )函数将查询到的多行数据以数组形式返回。

测试 queryAll( )函数，查询 t_dept 表中 id 值<10 的部门信息，代码如下：

```
1.  <?php
2.  include 'dbTool.php';
3.  $sql="select * from t_dept where id<:id";
4.  $params=[":id"=>10];
5.  $rows = queryAll($sql,$params);
6.  ?>
7.  <table>
8.      <tr><td>Name</td><td>Location</td></tr>
9.  <?php
10.     foreach ($rows as $row) { ?>
11.         <tr><td><?= $row["dname"] ?></td>
12.             <td><?= $row["dlocation"] ?></td>
13.         </tr>
14.  <?php }
15.  ?>
16.  </table>
```

浏览器中运行后的结果如图 5.4 所示。

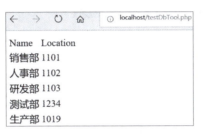

图 5.4　成功获取部门列表数据

5.3.2　单行数据获取

【示例 5.4】使用 queryObject( )函数获取对象类型的单行数据。

在 dbTool.php 文件中添加函数 queryObject( )，代码如下：

```
1.  //… 此处省略 getConn()、execSQL()和 queryAll()函数代码
2.  function queryObject($sql,$params){
3.      $conn = getConn();
4.      $stm = $conn->prepare($sql);
5.      $stm->execute($params);
6.      $obj = $stm->fetchObject();
7.      $conn = null; //关闭连接
8.      return $obj;
9.  }
```

第 6 行，用 fetchObject( )将查到的数据行转为对象返回。

测试 queryObject( )函数，对部门名模糊查询，获取对应部门信息，代码如下：

```php
1.  <?php
2.  include 'dbTool.php';
3.  $obj=null;
4.  if(isset($_POST['name'])){
5.      $sql="select * from t_dept where dname like :name";
6.      $params=[":name"=> "%". $_POST['name']. "%"];
7.      $obj = queryObject($sql,$params);
8.  }
9.  ?>
10. <form action="<?= htmlspecialchars($_SERVER["PHP_SELF"])?>" method="post">
11.     <input type="text" name="name" placeholder="请输入部门名称" >
12.     <button type="submit">查询</button>
13. </form>
14. <?php
15. if($obj){
16.     echo "{$obj->id}：{$obj->dname} / {$obj->dlocation} ";
17. }
18. ?>
```

在输入框中输入"测试",单击"查询"按钮后,出现模糊查询结果,如图5.5所示。

图5.5 成功获取模糊查询结果

5.3.3 单值数据获取

【示例5.5】 使用queryScalar()函数获取单值数据。

在dbTool.php文件中添加函数queryScalar,代码如下：

```php
1.  // … 此处省略 getConn()、execSQL()、queryAll()和 queryObject()函数代码
2.  function queryScalar($sql,$params){
3.      $conn = getConn();
4.      $stm = $conn->prepare($sql);
5.      $stm->execute($params);
6.      $val = $stm->fetchColumn(0);
7.      $conn = null; //关闭连接
8.      return $val;
9.  }
```

第6行fetchColumn(0)函数返回数据行0下标的值。

测试queryScalar()函数,获取部门总数,代码如下：

```php
1.  <?php
2.  include 'dbTool.php';
3.  $obj=null;
4.  $sql="select count(1) from t_dept";
5.  $count =queryScalar($sql,null);
6.  echo "部门总数有{$count}个";
```

浏览器中的执行结果如图 5.6 所示。

图 5.6 成功获取部门总数

5.3.4 获取插入数据的 id 值

在应用中，有一种特殊的用法，即插入数据后，返回新行的 id 值。

【示例 5.6】使用 getLastInsertId( ) 函数获取插入数据的 id 值。

在 dbTool.php 文件中添加 getLastInsertId( ) 函数，代码如下：

```
1.  // … 此处省略 getConn()、execSQL()、queryAll()、queryScalar 和 queryObject()函数代码
2.  function getLastInsertId($sql,$params){
3.      $conn = getConn();
4.      $stm = $conn->prepare($sql);
5.      $stm->execute($params);
6.      $id = $conn->lastInsertId();
7.      $conn = null; //关闭连接
8.      return $id;
9.  }
```

第 6 行，使用 PDO 的函数 lastInsertId( ) 返回 Insert 语句新增数据的 id 值。

测试 getLastInsertId( ) 函数，插入部门数据，返回该部门的 id 值，代码如下：

```
1.  <?php
2.  include 'dbTool.php';
3.  $obj=null;
4.  $sql="insert into t_dept(dname,dlocation) values(?,?)";
5.  $newId = getLastInsertId($sql,['test','1234']);
6.  echo $newId;
```

浏览器访问测试，结果如图 5.7 所示，返回部门 id 值 7。

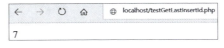

图 5.7 成功获取新增部门数据的主键值

5.4 查询显示列表

此处以员工信息为例，实现查询显示列表功能。

实现整个查询显示列表的功能，需要经过一系列复杂的步骤。为了更好地说明这个过程，本节将使用多个示例来逐步演示。

5.4.1 多条件查询界面

假设员工信息查询条件有部门名称、姓名、生日区间。其中，部门名称用下拉框进行选择，需要从 t_dept 表中取出所有部门行信息；姓名用输入框填写；生日区间则由开始和结束两个日期输入框组成。实现代码如下：

【示例 5.7】 多条件查询界面实现。

```
1.  <?php include 'dbTool.php'?>
2.  <form action="<?= htmlspecialchars($_SERVER["PHP_SELF"])?>" >
3.      部门<select name="deptId">
4.          <option value="0">不予限制</option>
5.          <?php
6.          $depts=queryAll("select id,dname from t_dept",null);
7.          foreach ($depts as $dept) { ?>
8.              <option value='<?= $dept['id'] ?>'><?= $dept['dname'] ?></option>
9.          <?php }
10.         ?>
11.     </select>
12.     姓名<input type="text" name="ename" value="">
13.     生日区间<input type="date" name="ebirth1" value="">
14.         -<input type="date" name="ebirth2" value="">
15.     <input type="hidden" name="pageNum" value="1">
16.     <button type="submit">查询</button>
17. </form>
```

第 6 行，用 dbTool.php 文件中定义的 queryAll() 方法获取 t_dept 表中部门数组。

第 7~9 行，用 foreach 迭代显示所有部门信息。

第 15 行，pageNum 隐藏字段，用于翻页，此处暂不使用。

浏览器中的执行效果如图 5.8 所示。

图 5.8　多条件查询界面

5.4.2 多条件查询功能

多条件查询界面处理完毕后，可逐步实现多条件查询功能。

【示例 5.8】 多条件查询功能实现。

实现步骤如下：

（1）数据表中加入测试数据。

在 t_emp 数据表中加入测试记录，执行如下 SQL：

```
insert into t_emp(ename, eimg_url, esex, ebirth, dept_id)
values ('阿黛','photo/avatar20. png','女','2001/1/1',1),
       ('鲍勃','photo/avatar12. png','男','2002/2/2',2),
       ('辛蒂','photo/avatar39. png','女','2003/3/3',3),
       ('丹尼','photo/avatar12. png','男','2004/4/4',3),
       ('埃雷','photo/avatar12. png','男','2005/5/5',3),
       ('芬妮','photo/avatar39. png','女','2006/6/6',3),
       ('格雷','photo/avatar12. png','男','2007/7/7',3),
       ('亨利','photo/avatar12. png','男','2008/8/8',3),
('埃薇','photo/avatar39. png','女','2009/9/9',1);
```

（2）页面中加入动态查询处理代码。

```
1.  <?php include 'dbTool. php';
2.      $emps=null;
3.      if(if(! empty($_POST))){                                    //提交查询条件
4.          $where=" where 1=1";        $whereParams=[ ];
5.          if(isset($_POST['deptId']) && $_POST['deptId']! =0 ){   //deptId 有值
6.              $where . =" and dept_id=?";
7.              array_push($whereParams,$_POST['deptId']);
8.          }
9.          if(isset($_POST['ename']) && $_POST['ename']! ="" ){    //ename 有值
10.             $where . =" and ename like ?";
11.             array_push($whereParams,'%'. $_POST['ename']. '%');
12.         }
13.         if(isset($_POST['ebirth1']) && $_POST['ebirth1']! ="" &&
14.             isset($_POST['ebirth2']) && $_POST['ebirth2']! =""){ //ebirth1 和 ebirth2 有值
15.             $where . =" and ebirth between ? and ?";
16.             array_push($whereParams, $_POST['ebirth1']);
17.             array_push($whereParams,$_POST['ebirth2']);
18.         }
19.         $emps=queryAll("select t_emp. id,ename,eimg_url,esex,ebirth,dname from t_emp "
20.             . "left join t_dept on dept_id=t_dept. id". $where, $whereParams);
21.     }else{                                                       //默认查询所有
22.         $emps=queryAll("select t_emp. id,ename,eimg_url,esex,ebirth,dname from t_emp "
23.                      . "left join t_dept on dept_id=t_dept. id",null);
24.     }
25. ?>
26. <formid="searchDiv"
27.     action="<?= htmlspecialchars($_SERVER["PHP_SELF"])?>" method="post">
28.     部门<select name="deptId" >
29.         <option value="0">不予限制</option>
30.         <?php
31.         $depts=queryAll("select id,dname from t_dept",null);
32.         foreach ($depts as $dept) { ?>
33.             <option value='<?= $dept['id'] ?>'><?= $dept['dname'] ?></option>
34.         <?php }
35.         ?>
36.     </select>
37.     姓名<input type="text" name="ename" value=""   >
```

```
38.        生日区间<input type="date" name="ebirth1" value=""  >
39.         -<input type="date" name="ebirth2" value="" >
40.        <input  id='inputPageNum'type="hidden" name="pageNum" value="1">
41.        <button type="submit">查询</button>
42.    </form>
```

第2~24行，在原有多条件查询界面基础上，加上动态查询处理代码。其逻辑为：

当有表单查询时，分别判断是否使用了部门、姓名和生日区间进行查询，若有，则分别拼接到SQL查询的Where子句中。

当没有表单查询时（即首次进入页面），则对员工信息进行无条件（全）查询操作。

（3）页面中加入查询结果显示代码。

在原页面下方加上查询结果显示代码。如下所示：

```
1.  //省略上方动态查询处理代码和查询表单界面代码
2.  <table>
3.      <tr><th>#</th><th>姓名</th><th>照片</th><th>性别</th><th>生日</th>
4.          <th>部门</th><th>编辑</th><th>删除</th></tr>
5.      <?php
6.      $rowNo=0;
7.      foreach ($emps as $emp) {
8.          $rowNo++;
9.          $tmpBirth = explode('',$emp['ebirth'])[0];
10.         echo
11.         "<tr><td>{$rowNo}</td><td>{$emp['ename']}</td>"
12.         ."<td><img height=30 src='{$emp['eimg_url']}'></td><td>{$emp['esex']}</td>"
13.         ."<td> {$tmpBirth} </td>"
14.         ."<td>{$emp['dname']}</td>"
15.         ."<td><a href='edit.php?id={$emp['id']}'>编辑</a></td>"
16.         ."<td><a href='javascript:del({$emp['id']});'>删除</a></td></tr>";
17.     }
18.     ?>
19. </table>
```

第2~19行，用table相关标签以列表方式显示查询结果。第7行，用foreach语法获取查询结果中的每一个员工$emp，并显示相应员工的属性值；第9行，用explode函数对$emp['ebirth']值（员工生日字符串）用空格分割为数组，并用 [0] 下标返回日期部分。除了用explode函数方式外，也可以用其他写法，如date('Y-m-d',strtotime($emp["ebirth"]))。

浏览器中测试执行效果：

进入页面，做无条件（全）查询，会显示所有员工信息，如图5.9所示。注意，不填写查询条件，直接单击"查询"按钮，也会进行无条件（全）查询操作，效果和进入页面相同。

部门选择"人事部"，单击"查询"按钮，结果如图5.10所示。

在姓名输入框中填写"埃"，单击"查询"按钮，做姓名模糊查询，结果如图5.11所示。

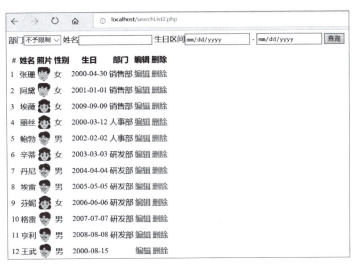

图 5.9　进入页面，默认显示所有员工信息

图 5.10　查询人事部员工结果

图 5.11　模糊查询员工结果

在生日区间的两个日期输入框中，先后输入"2001/1/1"和"2005/12/31"，单击"查询"按钮，结果如图 5.12 所示。

图 5.12　生日区间查询员工结果

接下来，三个条件一起查询：部门选择"研发部"，姓名框输入"埃"，生日范围值为

"2005/1/1"至"2005/12/31",单击"查询"按钮,结果如图 5.13 所示。

图 5.13 三个条件组合查询员工结果

5.4.3 保留查询条件

不做处理,查询条件就会丢失,这对用户体验非常不友好。保留输入框的查询信息相对简单,但对于下拉框、单选按钮、多选按钮,还是有些烦琐的。

【示例 5.9】保留查询条件。

```
1.  <?php include 'dbTool.php';
2.  $emps=null;
3.  if(isset($_POST['deptId'])){                              //有查询条件 if(!empty($_POST))
4.      $where=" where 1=1";
5.      $whereParams=[ ];
6.      if(isset($_POST['deptId']) && $_POST['deptId']!=0 ){   //deptId 有值
7.          $where .=" and dept_id=?";
8.          array_push($whereParams,$_POST['deptId']);
9.      }
10.     if(isset($_POST['ename']) && $_POST['ename']!="" ){    //ename 有值
11.         $where .=" and ename like ?";
12.         array_push($whereParams,'%'.$_POST['ename'].'%');
13.     }
14.     if(isset($_POST['ebirth1']) && $_POST['ebirth1']!="" &&
15.        isset($_POST['ebirth2']) && $_POST['ebirth2']!=""){   //ebirth1 和 ebirth2 有值
16.         $where .=" and ebirth between ? and ?";
17.         array_push($whereParams, $_POST['ebirth1']);
18.         array_push($whereParams,$_POST['ebirth2']);
19.     }
20.     $emps=queryAll("select t_emp.id,ename,eimg_url,esex,ebirth,dname from t_emp"
21.          ."left join t_dept on dept_id=t_dept.id". $where, $whereParams);
22. }else{                                                    //默认查询所有
23.     $emps=queryAll("select t_emp.id,ename,eimg_url,esex,ebirth,dname from t_emp"
24.          ."left join t_dept on dept_id=t_dept.id",null);
25. }
26. ?>
27. <form id="searchDiv"
28.     action="<?= htmlspecialchars($_SERVER["PHP_SELF"])?>" method="post">
29.     部门<select name="deptId" >
30.         <option value="0">不予限制</option>
31.         <?php
32.         $depts=queryAll("select id,dname from t_dept",null);
33.         foreach ($depts as $dept) { ?>
34.             <option value='<?= $dept['id'] ?>'
```

```
35.            <?php if($_POST['deptId']==$dept['id']) echo 'selected'; ?>
36.            ><?= $dept['dname'] ?></option>
37.          <?php }
38.          ?>
39.        </select>
40.        姓名<input type="text" name="ename" value="<?= $_POST['ename']??''?>"  >
41.        生日区间<input type="date" name="ebirth1" value="<?= $_POST['ebirth1'] ?>"  >
42.         -<input type="date" name="ebirth2" value="<?=$_POST['ebirth2'] ?>" >
43.        <input id='inputPageNum'type="hidden" name="pageNum" value="1">
44.        <button type="submit">查询</button>
45.      </form>
46.      <table>
47.        <tr><th>#</th><th>姓名</th><th>照片</th><th>性别</th><th>生日</th>
48.          <th>部门</th><th>编辑</th><th>删除</th></tr>
49.        <?php
50.        $rowNo=0;
51.        foreach ($emps as $emp) {
52.          $rowNo++;
53.          $tmpBirth = explode('',$emp['ebirth'])[0];
54.          echo
55.          "<tr><td>{$rowNo}</td><td>{$emp['ename']}</td>"
56.          ."<td><img height=30 src='{$emp['eimg_url']}'></td><td>{$emp['esex']}</td>"
57.          ."<td> {$tmpBirth} </td>"
58.          ."<td>{$emp['dname']}</td>"
59.          ."<td><a href='edit.php?id={$emp['id']}'>编辑</a></td>"
60.          ."<td><a href='javascript:del({$emp['id']});'>删除</a></td></tr>";
61.        }
62.        ?>
63.      </table>
```

为便于理解多条件查询显示列表功能，以上给出了完整代码。查询条件被保留下来的核心代码为：

第35行，代码<?php if($_POST['deptId']==$dept['id']) echo 'selected'; ?>用于将上次下拉框值保留下来。对于单选按钮、多选按钮，代码是类似的，这里就不做赘述了。

第40~42行，代码value="<?= $_POST['输入框名称'] ?>"用于将上次输入框值保留下来。

在浏览器中进行测试，部门选择"研发部"，姓名输入"埃"，生日范围输入"2003/7/16"和"2010/6/16"，单击"查询"按钮后，发现查到了相应的员工，同时，查询条件都得以保留，如图5.14所示。

图5.14　查询后查询条件得以保留

5.5 分页查询列表

在网页上浏览内容时，通常在该页面的底部会有分页的功能，通过翻页操作，跳转查看总体信息的部分内容。

在查询员工显示列表的基础上，可增加分页功能。

5.5.1 设置分页链接

在原有员工信息查询界面下方加上分页链接。实现代码如下：

【示例5.10】分页链接设置。

```
1.  <?php
2.      $pageInfo = new class{                                          //匿名对象,用于临时测试
3.          public $pages=4;
4.          public $pageNum=2;
5.          public $prePage=1;
6.          public $nextPage=3;
7.          public $size=12;
8.      }
9.  ?>
10. 当前<?= $pageInfo->pageNum ?>页,
11. 总<?= $pageInfo->pages ?>页, 共<?= $pageInfo->size ?>条记录<br>
12. <a herf="#" onclick="goPage(1);return false;">首页</a>
13. <a herf="#" onclick="goPage(<?= $pageInfo->prePage ?>);return false;">上一页</a>
14. <a herf="#" onclick="goPage(<?= $pageInfo->nextPage ?>);return false;">下一页</a>
15. <a herf="#" onclick="goPage(<?= $pageInfo->pages ?>);return false;">尾页</a>
16.     <script>
17.         function goPage(pageNumValue){
18.             //翻页页码置入隐藏元素 inputPageNum 的 value 中,提交
19.             let inputPageNum=document.getElementById("inputPageNum");      //页面隐藏元素
20.             inputPageNum.setAttribute('value',pageNumValue);               //替换页面值
21.             document.querySelector("#searchDiv").submit();                 //获取表单并提交
22.         }
23.     </script>
24. </div>
```

第2~8行，定义了一个匿名对象，用于临时测试分页链接是否正常。

第10~11行，显示当前所在页码、总页码、总记录数。

第12~15行，显示首页、上一页、下一页和尾页链接。当单击这些链接时，会执行 goPage() 函数。

第17~22行，定义 goPage() 函数。

第19~20行，在表单中设置要跳转的页码。

第21行，提交查询表单，此时会将跳转页码连同原有查询条件一起提交处理。

浏览器中有关分页链接的显示效果如图 5.15 所示。

当前2页, 总4页, 共12条记录
首页 上一页 下一页 尾页

图 5.15　分页链接的显示效果

5.5.2　分页条件查询

以下具体实现员工信息的分页条件查询功能。

【示例 5.11】分页条件查询。

```
1.  <?php include 'dbTool.php';
2.  $pageInfo= new class{                                          //匿名对象:分页
3.      public $pages=1;                                           //一共几页
4.      public $pageNum=1;                                         //当前页码(要查询页码)
5.      public $prePage=1;                                         //上一页页码
6.      public $nextPage=1;                                        //下一页页码
7.      public $size=1;                                            //一共几行
8.      public $pageSize=3;                                        //每页显示(最多)几行
9.      public $startRow=3;                                        //当前页中的第一行的位置
10.     //得到总记录数后调用:计算总页数、上页页码、下页页码、select 所需第一行的位置
11.     public function initProps() {
12.         $this->pages= ceil($this->size/$this->pageSize);       //计算总页数
13.         $this->prePage= $this->pageNum>1 ? $this->pageNum-1 : 1;    //计算上一页页码
14.         $this->nextPage                                        //计算下一页页码
15.             = $this->pages>$this->pageNum ? $this->pageNum+1 : $this->pages;
16.         $this->startRow        //计算第一行的位置(select … limit startRow, pageSize)
17.             = $this->pageNum>0 ? ($this->pageNum - 1) * $this->pageSize : 0;
18.     }
19. };
20. $pageInfo->pageNum=(isset($_POST['pageNum'])?$_POST['pageNum']:1); //初始当前页
21.
22. $emps=null;
23. $where=" where 1=1";
24. $whereParams=[ ];
25.
26. if(isset($_POST['deptId']) && $_POST['deptId']!=0 ){           //deptId 有值
27.     $where .=" and dept_id=?";
28.     array_push($whereParams,$_POST['deptId']);
29. }
30. if(isset($_POST['ename']) && $_POST['ename']!="" ){            //ename 有值
31.     $where .=" and ename like ?";
32.     array_push($whereParams,'%'. $_POST['ename'] .'%');
33. }
34. if(isset($_POST['ebirth1']) && $_POST['ebirth1']!="" &&
35.     isset($_POST['ebirth2']) && $_POST['ebirth2']!=""){        //ebirth1 和 ebirth2 有值
36.     $where .=" and ebirth between ? and ?";
37.     array_push($whereParams,$_POST['ebirth1']);
```

```
38.         array_push($whereParams,$_POST['ebirth2']);
39.     }
40.
41.     //总记录数
42.     $pageInfo->size=queryScalar("select count(1) from t_emp "
43.         ."left join t_dept on dept_id=t_dept.id".$where,$whereParams);
44.     $pageInfo->initProps();                              //设置分页属性值
45.     $where .= " limit $pageInfo->startRow,$pageInfo->pageSize ";
46.     $emps=queryAll("select t_emp.id,ename,eimg_url,esex,ebirth,dname from t_emp "
47.         ."left join t_dept on dept_id=t_dept.id".$where,$whereParams);
48. ?>
49. <form id="searchDiv"
50.     action="<?= htmlspecialchars($_SERVER["PHP_SELF"])?>" method="post">
51.     部门<select name="deptId" >
52.         <option value="0">不予限制</option>
53.         <?php
54.         $depts=queryAll("select id,dname from t_dept",null);
55.         foreach ($depts as $dept) { ?>
56.           <option value='<?= $dept['id'] ?>'
57.             <?php if($_POST['deptId']==$dept['id']) echo 'selected'; ?>
58.           ><?= $dept['dname'] ?></option>
59.         <?php }
60.         ?>
61.     </select>
62.     姓名<input type="text" name="ename" value="<?= $_POST['ename']??''?>" >
63.     生日区间<input type="date" name="ebirth1" value="<?=$_POST['ebirth1'] ?>" >
64.     -<input type="date" name="ebirth2" value="<?=$_POST['ebirth2'] ?>" >
65.     <input id='inputPageNum' type="hidden" name="pageNum" value="1">
66.     <button type="submit">查询</button>
67. </form>
68. <table>
69.     <tr><th>#</th><th>姓名</th><th>照片</th><th>性别</th><th>生日</th>
70.         <th>部门</th><th>编辑</th><th>删除</th></tr>
71.     <?php
72.     $rowNo=0;
73.     foreach ($emps as $emp) {
74.       $rowNo++;
75.       $tmpBirth = explode(' ',$emp['ebirth'])[0];
76.       echo
77.         "<tr><td>{$rowNo}</td><td>{$emp['ename']}</td>"
78.         ."<td><img height=30 src='{$emp['eimg_url']}'></td><td>{$emp['esex']}</td>"
79.         ."<td> {$tmpBirth} </td>"
80.         ."<td>{$emp['dname']}</td>"
81.         ."<td><a href='edit.php?id={$emp['id']}'>编辑</a></td>"
82.         ."<td><a href='javascript:del({$emp['id']});'>删除</a></td></tr>";
83.     }
84.     ?>
85. </table>
86. <div>
87.     当前<?= $pageInfo->pageNum ?>页,
```

```
88.        总<?=$pageInfo->pages ?>页,共<?= $pageInfo->size ?>条记录<br>
89.        <a herf="#" onclick="goPage(1);return false;">首页</a>
90.        <a herf="#" onclick="goPage(<?= $pageInfo->prePage ?>);return false;">上一页</a>
91.        <a herf="#" onclick='goPage(<?= $pageInfo->nextPage ?>);return false;'>下一页</a>
92.        <a herf="#" onclick="goPage(<?= $pageInfo->pages ?>);return false;">尾页</a>
93.        <script>
94.            function goPage(pageNumValue){
95.                //翻页页码置入隐藏元素 inputPageNum 的 value 中,提交
96.                let inputPageNum=document. getElementById("inputPageNum")
97.                inputPageNum. setAttribute('value',pageNumValue);
98.                document. getElementById("searchDiv"). submit();
99.            }
100.       </script>
101.   </div>
```

第 2~19 行,为方便页面分页链接显示,定义了分页对象$pageInfo。其中,$pages 属性值代表总页数、$pageNum 属性值代表当前页码、$prePage 属性值代表上一页页码、$nextPage 属性值代表下一页页码、$size 属性值代表每页显示几行、$startRow 属性值用于分页子句的起始行参数 (limit ?,?,第一个参数为起始行,第二个参数为取多少行);第 11~18 行的 initProps()函数,在获得总行数后执行,用于计算出$pages (总页数)、$prePage (上一页页码)、$nextPage (下一页页码)、$startRow (起始行) 四个分页属性值。

第 42~43 行,调用 queryScalar()函数,获得总记录数。

第 44 行,调用分页对象的 initProps()函数,设置了分页相关属性值。

第 45 行,将 limit 分页子句拼接到 where 子句中。注意,此处的起始行下标值 startRow 是在 initProps()函数中计算出来的。

在浏览器中测试:打开页面,呈现全查询带分页结果,如图 5.16 所示。

图 5.16 全查询带分页结果

因为是无条件(全)查询,共查到 12 条员工记录,设置的为每页 3 行,所以共 4 页。这里显示的是当前第一页的 3 行记录。

接着,部门选择"研发部"、生日区间填写"2003/9/23"和"2009/9/23",单击"查询"按钮,显示如图 5.17 所示结果。

可见在上述两个条件查询下,共查到 5 条记录,因为每页 3 行,所以总共有 2 页,当前默认显示第 1 页。注意,此时的查询条件被保留了下来。可单击"下一页"链接,显示如图 5.18 所示结果。

图 5.17 带条件分页结果

图 5.18 带条件"下一页"结果

在保留了查询条件的基础上，获得了第 2 页的员工记录。接着，可单击"首页"和"尾页"，分别得到如图 5.17 和图 5.18 所示的结果。

5.6 信息的增、删、改

在分页查询列表功能的基础上，可增加增、删、改操作，形成完整的信息处理功能。

5.6.1 信息添加

还是以员工信息为例，可在分页查询列表功能页面上，加一个"新增"按钮或链接，如<button onclick="location.href=add.php">增加</button>。单击该"新增"组件，转至相应的新增页面，实施员工信息添加功能。

【示例 5.12】员工信息添加功能。

```
1.   <?php include 'dbTool.php';
2.     if(!empty($_POST)){                                    //有提交,或 if(isset($_POST["submit"]))
3.        if($_POST['ename']==""){                            //用户名没输入
4.           echo "请输入完整信息,再提交";
5.           return;
6.        }
7.        $eimg_url=null;
8.        if ($_FILES["photo"]["error"] == 0) {               //上传无错
9.           $ext= pathinfo($_FILES["photo"]["name"], PATHINFO_EXTENSION);   //取文件后缀
10.          $eimg_url='upload/'.time().'.'.$ext;             //先建立可写入权限的 upload 目录
11.          $moved = move_uploaded_file($_FILES["photo"]["tmp_name"], $eimg_url);   //移动保存
12.       }
```

```
13.        $ebirth=strtotime($_POST['ebirth'])?$_POST['ebirth']:null;        //日期处理
14.        $dept_id=$_POST['dept_id']=="0"?null:$_POST['dept_id'];           //部门id处理
15.        $rowCnt=execSQL(
16.            "insert into t_emp(ename,eimg_url,esex,ebirth,dept_id) values(?,?,?,?,?)",
17.            [$_POST['ename'],$eimg_url,$_POST['esex'],$ebirth,$dept_id] );
18.        echo $rowCnt>0?"添加员工信息成功":"添加员工信息失败";
19.    }
20. ?>
21. <h3>添加员工</h3>
22. <form action="<?= htmlspecialchars($_SERVER["PHP_SELF"])?>"
23.     method="post" enctype="multipart/form-data">
24.     姓名<input name="ename" ><br>
25.     性别<input name="esex" type="radio" value="男" checked>男
26.     <input name="esex" type="radio" value="女">女<br>
27.     生日<input name="ebirth" type="date" ><br>
28.     部门<select name="dept_id" >
29.     <option value="0">不予限制</option>
30.     <?php
31.     $depts=queryAll("select id,dname from t_dept",null);
32.     foreach ($depts as $dept) { ?>
33.      <option value='<?= $dept['id'] ?>'><?= $dept['dname'] ?></option>
34.     <?php } ?>
35.     </select><br>
36.     照片<br>
37.     <img id="photoImg" src="img/addPhoto.png" height="100" width="100"><br>
38.     <input id="photo" name="photo" type="file" onchange="preview(this)"><br>
39.     <button type="submit"><span>确定</span></button><br>
40. </form>
41. <script>
42.     function preview(photo){ //预览照片
43.         document.getElementById("photoImg").src
44.             =window.URL.createObjectURL(photo.files[0]);
45.     };
46. </script>
```

第2~19行，在新增信息提交前提下，先保存上传文件，然后将信息插入员工表t_emp中。其中，第8~12行，上传文件没有错误的前提下，使用time()函数和文件后缀拼接为不会重复的新文件名，调用move_uploaded_file()函数将上传文件移动到upload目录下，并以新文件名命名。注意，具有写入权限的upload目录需事先创建。第16~17行，将新增信息插入员工表t_emp中。

第42~45行，定义JavaScript函数preview()，用于图片预览。

添加功能的测试过程如下所示：

使用浏览器访问页面，填写新增员工信息，如姓名为"杰奎琳"、性别为"女"、生日为"2003/9/25"、部门为"销售部"，照片则通过"浏览"按钮选择本地一张照片文件，最后单击"确定"按钮提交，如图5.19所示。

提交后，页面返回成功信息"添加员工信息成功"，如图5.20所示。

图 5.19　填写新增员工信息　　　　图 5.20　添加员工信息成功

在项目 upload 文件夹中，可观察到上传照片文件，如图 5.21 所示。

图 5.21　照片文件已存在于上传路径中

在数据库表 t_emp 中，可观察到新增员工数据"杰奎琳"，如图 5.22 所示。

图 5.22　员工数据新增到 t_emp 表中

5.6.2　信息编辑

还是以员工信息为例，可在分页查询列表功能页面上，单击"编辑"列上指定员工相应的按钮或链接，如<td><a href='edit.php?id={$emp['id']}'>编辑</a></td>，转至相应的编辑页面，实施员工信息编辑功能。

【示例 5.13】员工信息编辑功能。

首次进入页面时，根据员工 id 值，从 t_emp 表获取并显示对应员工的信息。然后编辑信息，进行"修改"提交时，将编辑信息修改回 t_emp 表中。

信息编辑的整体界面与信息添加功能页面布局类似，可参考完成。代码如下所示：

```
1.  <?php include 'dbTool.php';
2.    $emp=null;
3.    if(empty($_POST)){                              //首次进入页面时,数据库获取数据,以便显示
4.    $emp=queryObject("select t_emp.id,ename,eimg_url,esex,ebirth,dname,dept_id from t_emp"
5.    ." left join t_dept on dept_id=t_dept.id where t_emp.id=?",[$_GET['id']]);
6.    }
7.    if(!empty($_POST)){                             //有提交,则修改数据表中的数据
8.      $eimg_url=null;
9.      if ($_FILES["photo"]["error"] == 0) {         //上传无错
10.       $ext= pathinfo($_FILES["photo"]["name"], PATHINFO_EXTENSION);    //取文件后缀
11.       $eimg_url='upload/'. time().'.'. $ext;      //先建立可写入权限的upload目录
12.       $moved = move_uploaded_file($_FILES["photo"]["tmp_name"], $eimg_url);    //保存文件
13.     }
14.     $ebirth=strtotime($_POST['ebirth'])?$_POST['ebirth']:null;    //日期处理
15.     $dept_id=$_POST['dept_id']=="0"?null:$_POST['dept_id'];       //部门id处理
16.     $sql="update t_emp set ename=?,". ($eimg_url==null?'':'eimg_url=?,'). "esex=?,ebirth=?,dept_id=?
17.  where id=?";
18.     $params=[];
19.     if($eimg_url!=null){                          //修改了照片文件
20.       $params=[$_POST['ename'],$eimg_url,$_POST['esex'],$ebirth,$dept_id,$_POST['id']];
21.     }else{                                        //未修改照片文件
22.       $params=[$_POST['ename'],$_POST['esex'],$ebirth,$dept_id,$_POST['id']];
23.     }
24.     $rowCnt=execSQL($sql,$params);
25.     echo $rowCnt>0?"修改员工信息成功":"修改员工信息失败";
26.     return;
27.   }
28. ?>
29. <h3>编辑员工</h3>
30. <form action="<?= htmlspecialchars($_SERVER["PHP_SELF"])?>"
31.   method="post" enctype="multipart/form-data">
32.   姓名<input name="ename" value="<?= $emp->ename ?>" ><br>
33.   性别<input name="esex" type="radio" value="男" <?=$emp->esex=="男"?'checked':''?>>男
34.   <input name="esex" type="radio" value="女" <?=$emp->esex=="女"?'checked':''?>>女<br>
35.   <?php //日期输入框value属性值用 yy-mm-dd 格式(PHP中对应着Y-m-d格式)
36.       $ebirth= date('Y-m-d', strtotime($emp->ebirth));
37.   ?>
38.   生日<input name="ebirth" type="date" value="<?=$ebirth ?>" ><br>
39.   部门<select name="dept_id" >
40.   <option value="0">请选择</option>
41.   <?php
42.   $depts=queryAll("select id,dname from t_dept",null);
43.   foreach ($depts as $dept) { ?>
44.   <option value='<?= $dept['id'] ?>'<?= $emp->dept_id==$dept['id']?'selected':''?> >
```

```
45.            <?= $dept['dname'] ?></option>
46.         <?php } ?>
47.       </select><br>
48.       照片<br>
49.       <img id="photoImg"    height="100" width="100"
50.            src="<?= $emp->eimg_url==null?"img/addPhoto.png": $emp->eimg_url ?>"><br>
51.       <input id="photo" name="photo" type="file" onchange="preview(this)"><br>
52.       <input name="id" type="hidden" value="<?= isset($_GET['id'])?$_REQUEST['id']:0 ?>" >
53.       <button type="submit"><span>确定</span></button><br>
54.    </form>
55.    <script>
56.       function preview(photo){ //预览照片
57.          document.getElementById("photoImg").src
58.             =window.URL.createObjectURL(photo.files[0]);
59.       };
60.    </script>
```

第 3~6 行，判断出是首次进入页面，通过 id 值从数据库中获取对应员工信息。

第 7~27 行，判断有提交操作，则对员工信息进行修改。其中，第 9~13 行，在上传文件没有错误前提下（即有新照片替换），使用 time() 函数和文件后缀拼接为不会重复的新文件名，调用 move_uploaded_file() 函数将上传文件移动到 upload 目录下，并用新文件名命名。第 16~26 行，将修改信息写回到员工表 t_emp 中。注意，文件可能修改，也可能不修改，因此有了两种 SQL 写法。

第 56~59 行，preview() 函数实现图片预览功能。

编辑功能的测试过程，如下所示。

通过浏览器访问页面 edit.php?id=13，将显示 id 值为 13 的员工信息，如图 5.23 所示。

改写员工信息，如姓名为"杰奎林"、性别为"男"、生日为"2003/9/22"、部门为"人事部"，单击"浏览"按钮，选择本地一张男性照片，单击"确定"按钮提交，如图 5.24 所示。

图 5.23　编辑界面显示 id 值为 13 的员工信息

图 5.24　修改员工信息

提交后，页面返回成功信息“修改员工信息成功”，如图 5.25 所示。

在项目 upload 文件中，可观察到上传的更新照片文件，如图 5.26 所示。

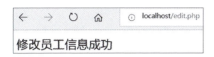

图 5.25　提交信息返回修改员工成功信息

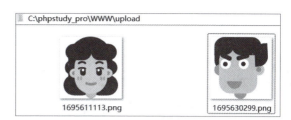

图 5.26　更新照片文件已存在于上传路径中

在数据库表 t_emp 中，可观察到相关员工修改后的数据，如图 5.27 所示。

id	ename	eimg_url	e	ebirth	dept_id
1	张珊	photo/avatar20.png	女	2000-04-30 00:00:00	1
2	丽丝	photo/avatar39.png	女	2000-03-12 00:00:00	2
3	王武	photo/avatar12.png	男	2000-08-15 00:00:00	<NULL>
4	阿维	photo/avatar20.png	女	2001-01-01 00:00:00	1
5	鲍勃	photo/avatar12.png	男	2002-02-02 00:00:00	2
6	辛蒂	photo/avatar39.png	女	2003-03-03 00:00:00	3
7	丹尼	photo/avatar12.png	男	2004-04-04 00:00:00	3
8	埃雷	photo/avatar12.png	男	2005-05-05 00:00:00	3
9	芬妮	photo/avatar39.png	女	2006-06-06 00:00:00	3
10	格雷	photo/avatar12.png	男	2007-07-07 00:00:00	3
11	亨利	photo/avatar12.png	男	2008-08-08 00:00:00	3
12	埃薇	photo/avatar39.png	女	2009-09-09 00:00:00	1
13	杰奎林	upload/1695630299.png	男	2003-09-22 00:00:00	2

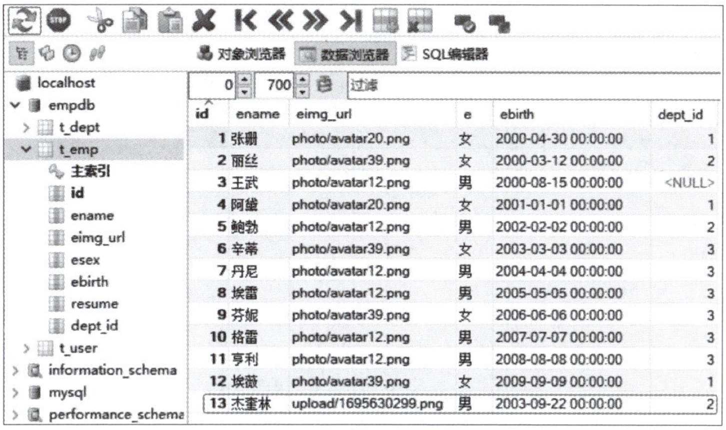

图 5.27　在 t_emp 表中可观察到修改后的员工信息

5.6.3　信息删除

还是以员工信息为例，可在分页查询列表功能页面上，单击“删除”列上指定员工相应的按钮或链接，如<td><a href='del.php?id={$emp['id']}'>删除</a></td>，转至相应的删除页面，实施员工信息编辑功能。注意，实际开发时，应该还有确认删除的提示操作。

【示例 5.14】 员工信息删除功能。

进入页面，获取员工 id 值，从 t_emp 表删除该员工信息。代码如下所示：

```
<?php include 'dbTool.php';
$rowCnt=execSQL("delete from t_emp where id=?",[$_GET['id']]);
if($rowCnt>0){
    echo '删除员工信息成功';
}else{
    echo '删除员工信息失败';
}
```

实际开发时，删除后返回列表显示页，并显示删除操作成功信息。

通过浏览器访问 del.php?id=13，将删除 id 值为 13 的员工，运行结果如图 5.28 所示。

图 5.28　成功删除 id 值为 13 的员工

在数据库中，相应的员工数据也被删除了，如图 5.29 所示。

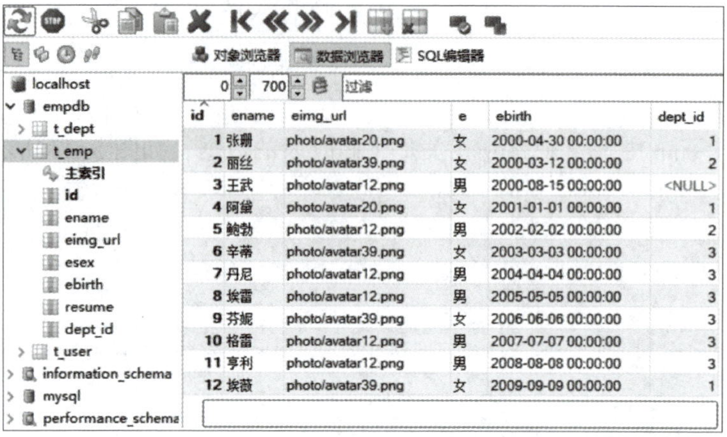

图 5.29　在 t_emp 表中可观察相应员工信息已删除

思考与练习

1. 定义连接数据库函数 getConn( )，返回连接 dessertDB 数据库的 PDO 对象。

2. 定义修改数据表（增、删、改）通用函数 execSQL($sql,$params)，返回修改数据的行数。

其中，$sql 参数为字符串类型的 SQL 语句，内部有问号占位符；$params 为$sql 中问号占位符对应值数组。

3. 定义四个通用函数。要求分别如下：

（1）queryAll($sql,$params)函数，返回 SQL 查询的多行结果。

（2）queryObject($sql,$params)函数，返回 SQL 查询的单行结果。

（3）queryScalar($sql,$params)函数，返回 SQL 查询的单值结果。

（4）getLastInsertId($sql,$params)函数，插入数据后，返回新行的 id 值。

以上四个函数中参数的说明：$sql 参数为字符串类型的 SQL 语句，内部有问号占位符；$params 为$sql 中占位符对应值的数组。

4. 使用自定义通用函数，针对分类表 t_category 中的数据，设计相关页面，实现分页查询和增、删、改功能。

注意，分类表 t_category 的创建可参考第 4 章思考与练习。

第 6 章

富文本框和 AJAX 实践

本章要点

1. 下载配置 KindEditor。
2. 使用 KindEditor，添加、编辑和显示富文本数据。
3. AJAX、JSON 基础概念。
4. 基于 JQuery 的 AJAX 请求调用。

学习目标

1. 掌握使用 KindEditor 添加、修改和显示富文本数据的方法。

2. 掌握基于 JQuery 的 AJAX 请求调用方法，以及对返回 JSON 数据的处理。

3. 具备 AJAX 应用的综合编程能力：针对需求，能实现前、后端各项功能，以及使用 AJAX 进行正确交互。

6.1 使用富文本框

富文本框是一种可内嵌于浏览器，所见即所得的在线文本编辑器。它提供类似于微软办公产品 Word 的编辑功能，可对文字进行字体、字号、颜色设置，甚至能进行增加图片、视频等操作。

常见的富文本框产品有 KindEditor、TinyMCE、CKEditor、bootstrap-wysiwyg 等。此处使用 KindEditor，其他产品在使用上是类似的。KindEditor 使用过程如下所示。

6.1.1 下载、配置 KindEditor

下载、配置 KindEditor 的步骤如下所示：

（1）在 https://github.com/kindsoft/kindeditor 网页（或 kindeditor.net 官网）下载 KindEditor。

（2）解压缩下载文件 kindeditor-master.zip，将其放置于 Web 项目目录中，如图 6.1 所示。

（3）页面中引入 KindEditor 组件，代码如下所示：

图 6.1 解压缩 kindeditor-master.zip 放置于项目目录中

```
1.  <script charset="utf-8" src="kindeditor-master/kindeditor-all-min.js"></script>
2.  <script charset="utf-8" src="kindeditor-master/lang/zh-CN.js"></script>
3.  <script>
4.        KindEditor.ready(function(K) {
5.              window.editor = K.create('#editor_id');
6.        });
7.  </script>
8.  <textarea id="editor_id">
9.      <!--富文本框将创建于此 -->
10. </textarea>
```

第 1~2 行，引入了使用 KindEditor 所需的 JavaScript 文件。

第 4~6 行，初始化 KindEditor 富文本框。注意，K.create()函数中，参数值为 CSS 选择器名，应该在正文中有相应的 HTML 标签（如第 8 行 textarea 标签）。此外，初始化 KindEditor 过程中可加入配置参数。以下设置了 KindEditor 的长度和宽度：

window.editor = K.create('#self_intro',{width:'60%',height:'120'});

注意，宽度值 width 的设置建议使用百分比，而高度值 height 的单位 px 建议省略。

第 8 行，textarea 标签经过 KindEditor 初始化操作后，将"变身"为富文本框，如图 6.2 所示。

第 6 章 富文本框和 AJAX 实践

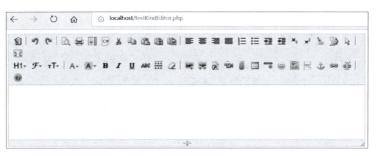

图 6.2　KindEditor 初始化富文本框效果

6.1.2　使用 KindEditor

假设需要为员工加上简历信息，则可使用富文本框进行提交。

【示例 6.1】为选定员工加上简历信息。

实现过程：先在员工表 t_emp 中加 text 类型字段 resume，以便存放简历信息；然后在操作页面上选择员工，在 KindEditor 类型富文本框中添加简历信息，提交后简历信息更新到员工表 t_emp 中。

（1）在员工表 t_emp 中加 resume 字段。

在 SQL Front 中，右击 t_emp 表，选择"属性"选项，如图 6.3 所示。

在弹出窗体中，单击"字段"选项卡，单击左侧"添加"按钮，弹出"添加字段"对话框。在对话框中，设置位置为"在 ebirth 字段后"，名称为 resume，类型为 Text，最后单击"确定"按钮，如图 6.4 所示。

图 6.3　选择 t_emp 表"属性"选项

图 6.4　为员工表 t_emp 添加 resume（简历）字段

（2）功能实现。

实现代码如下所示：

```php
1.  <?php include '. /dbTool. php';
2.    $emps=queryAll("select t_emp. id,ename,resume from t_emp "
3.       . "left join t_dept on dept_id=t_dept. id",[ ]);
4.    if(!empty($_POST)){              //提交了
5.      $rowCnt=execSQL("update t_emp set resume=? where id=?",
6.             [ $_POST['resume'], $_POST['id'] ]);
7.      echo $rowCnt>0?'简历处理成功':'简历处理失败';
8.    }else{                           //首次进入页面
9.      $_POST['id']=0;                //防止直接访问$_POST['id']出错
10.   }
11. ?>
12. <script charset="utf-8" src="kindeditor-master/kindeditor-all-min. js"></script>
13. <script charset="utf-8" src="kindeditor-master/lang/zh-CN. js"></script>
14. <script>
15.       KindEditor. ready(function(K) {
16.          window. editor = K. create('#editor_id');
17.       });
18. </script>
19. <form action="<?= htmlspecialchars($_SERVER["PHP_SELF"])?>" method="post">
20. 员工:<br>
21. <?php foreach ($emps as $emp) {
22.    $tmpChecked=$emp['id']==$_POST['id']?'checked':'';
23.    echo "<input type='radio'name='id'$tmpChecked value='{$emp['id']}'>{$emp['ename']}";
24. }?><br>
25. 简历:<br>
26. <textarea id="editor_id" name="resume">
27.     <!--富文本框将创建于此 -->
28. </textarea>
29. <button type="submit">提交</button>
30. </form>
```

第2~3行,获取所有员工信息。

第4~8行,当提交简历时,修改对应员工的简历字段值(简历来自富文本框中内容)。

第9行,为防止第22行中直接访问$_POST['id']时出错,将$_POST['id']初始化为0值。

第21~24行,遍历出员工的id(主键)和ename(员工姓名)值。

在浏览器中访问页面,选择员工(如"鲍勃"),在简历富文本框中输入图文信息,单击"提交"按钮,如图6.5所示。

图6.5 为选择员工填写简历并提交

注意，富文本框中加入的附件将自动存放到 kindeditor-master\attached 目录下的相应子目录中。如以上图片文件的最终存放位置为：

kindeditor-master\attached\image\20231205\20231205122206_30870.jpg

操作成功后，页面会返回"简历处理成功"信息，如图 6.6 所示。

图 6.6　简历信息提交后返回成功信息

在数据库员工表 t_emp 中，相应员工的简历确实被成功写入了，如图 6.7 所示。

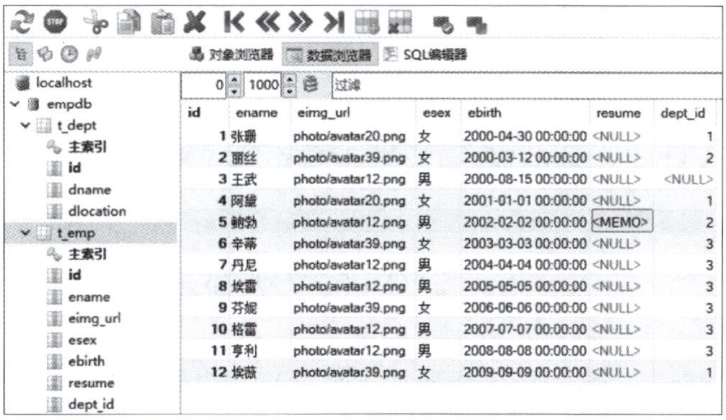

图 6.7　员工表 t_emp 中相应简历被写入

接着将富文本框上传简历信息，在页面显示，示例如下所示。

【示例 6.2】显示员工简历信息。

1. `<?php include './dbTool.php';`
2. `$emp = queryObject("select t_emp.id,ename,eimg_url,esex,ebirth,dname,resume from t_emp "`
3. `. "left join t_dept on dept_id=t_dept.id where t_emp.id=?",[$_GET['id']]);`
4. `?>`
5. `<script charset="utf-8" src="kindeditor-master/kindeditor-all-min.js"></script>`
6. `<script charset="utf-8" src="kindeditor-master/lang/zh-CN.js"></script>`
7. `<script>`
8. `    KindEditor.ready(function(K) {`
9. `        window.editor = K.create('#editor_id');`
10. `    });`
11. `</script>`

```
12.     员工:<?= $emp->ename ?><br>
13.     简历:<br>
14.     <!-- <textarea id="editor_id" name="resume"> -->
15.     <?= $emp->resume ?>
16.     <!-- </textarea>   -->
```

第 2~3 行，获取 GET 请求中 id 值对应的员工信息。

第 15 行，显示员工的富文本框简历信息。注意，若去除第 14 行和第 16 行的注释符号，富文本框中可显示简历信息，适合用于编辑操作场景。

使用浏览器访问页面并带上 id=5 参数，则将显示 id 值对应员工的信息，富文本框提交的简历信息会被正常显示，如图 6.8 所示。

图 6.8　富文本信息显示正常

6.2　AJAX 实践

传统 Web 应用程序，通常会在客户端（浏览器）和服务器之间交换完整的页面或表单。即，浏览器需要重新加载整个页面。使用 AJAX 技术，只需要更新页面上的部分内容，而不是整个页面。这可以使应用程序反应更加快速，给用户提供更好的交互感觉。

在 PHP 中使用 AJAX，通常使用 JQuery 来实现 AJAX 应用。JQuery 是一个广泛使用的 JavaScript 库，可用于简化编写 AJAX 代码的过程。

对于在前、后端之间传输的数据格式，通常统一使用 JSON 格式进行处理。

6.2.1　AJAX 实践所需基础概念

1. AJAX 技术

AJAX（Asynchronous JavaScript and XML）是一种异步通信的技术。AJAX 可以发送异步请求，在页面无须刷新的情况下，与后端应用交换数据，更新部分页面内容。

AJAX 应用广泛，常用于以下场景：

（1）表单提交和验证。

（2）动态加载和更新页面内容。

（3）向服务器发送数据，以存储或检索数据。

（4）异步文件上传。

2. 基于 JQuery 的 AJAX 请求

JQuery 对 AJAX 请求做了代码简化，对于 GET 和 POST 类型的请求，在引入 JQuery 框架后，可参考如下示例代码。

（1）发送 GET 请求并接收响应数据。

```
$.ajax({
   url: "example. php?id=1",
   type: "GET",
   dataType:"json",
   success: function(response) {
     //处理响应
   },
   error: function(error) {
     //处理错误
   }
});
```

（2）发送 POST 请求并发送 JSON 数据。

```
$.ajax({
   url: "example. php",
   type: "POST",
   data: JSON. stringify({
     name: "Ada",
     pwd: "123"
   }),
   contentType: "application/json",
   success: function(response) {
     //处理响应
   },
   error: function(error) {
     //处理错误
   }
});
```

3. JSON 格式

JSON（JavaScript Object Notation）是一种轻量级的数据交换格式，易于阅读和编写，广泛应用于数据传输和存储。JSON 包括以下几种常用的格式：

（1）简单键值对格式。

这是最基本和常见的 JSON 格式，由键值对组成。键和值之间使用冒号分隔，不同键值对之间使用逗号分隔。值可以是字符串、数字、布尔值、数组或嵌套的对象。示例如下：

```
{
  "name": "Ada",
  "age":18,
```

```
"isMerried": false,
"skills": [ "PHP", "Java" ],
"contact": {
   "tel": "13845678901",
   "address": "Beijing …"
  }
}
```

(2) 数组格式。

数组格式由多个值组成，每个值用逗号分隔并位于方括号中。示例如下：

```
[ "apple", "banana", "orange", "grape" ]
```

(3) 嵌套格式（Nested Format）。

可以在 JSON 对象或数组中嵌套其他对象或数组。示例如下：

```
{
  "name": "Bob",
  "contact": {
    "tel": "13845678902",
    "address": "Shanghai …"
  },
  "skills": [ "PHP", "Python" ]
}
```

(4) 空值和特殊值。

JSON 中的空值可以用 null 表示。另外，还有两个特殊值：true 表示布尔值的真，false 表示布尔值的假。示例如下：

```
{
  "name": "Cindy",
  "birth": null,
  "isActive": true
}
```

了解了 AJAX 操作所需概念后，就可以具体进行 AJAX 案例实践了。分前、后端代码，以 AJAX 技术实现对部门表信息的增、删、改、查功能操作。

6.2.2 后端实现增、删、改、查功能及返回 JSON 数据

【示例 6.3】针对请求实现部门信息的增、删、改、查功能，并返回 JSON 处理结果。

示例过程如下所示：

(1) 先创建表结构并插入测试数据。

先用 SQL Front 工具创建部门表 t_dept，如图 6.9 所示。

接着，将测试数据插入部门表 t_dept，如图 6.10 所示。

图 6.9　部门表 t_dept 结构

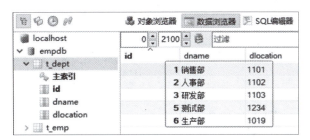

图 6.10　将测试数据插入部门表

（2）接着实现后端各功能代码，如下所示。

① 创建后端文件 getDept.php，实现通过 id 值获取相应部门信息的功能，代码如下：

```
1.  <?php include('dbTool.php');
2.  $dept=queryObject("select id,dname,dlocation from t_dept where id=?",[$_REQUEST['id']]);
3.  echo json_encode($dept);
```

在浏览器中访问 getDept.php?id=1，若获取部门信息成功，则返回 JSON 格式结果，如图 6.11 所示。

图 6.11　通过 id 值获取相应部门信息

注：json_encode( ) 函数用于将 php 变量转化为 JSON 格式。

② 创建后端文件 addDept.php，实现添加部门功能，代码如下：

```
1.  <?php include('dbTool.php');
2.  $rowCnt=execSQL("insert into t_dept(dname,dlocation) values(?,?)",
3.         [$_REQUEST['dname'],$_REQUEST['dlocation']]);
4.  $return = $rowCnt>0?"success":"fail";
5.  echo json_encode($return);
```

在浏览器中访问 addDept.php?dname=test&dlocation=1234，若添加部门信息成功，则返回结果如图 6.12 所示。

图 6.12　添加部门操作成功

简单变量格式就是 JSON 格式，实际上无须使用 json_encode( ) 函数转化。

在数据库的部门表 t_dept 中，确实加入了一条部门数据，如图 6.13 所示。

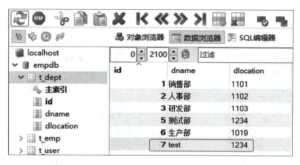

图 6.13　部门表中新增了一条部门数据

③ 创建后端文件 editDept.php，实现修改部门功能，代码如下：

```
1.  <?php include('dbTool.php');
2.  $rowCnt=execSQL("update t_dept set dname=?,dlocation=? where id=?",
3.          [ $_REQUEST['dname'], $_REQUEST['dlocation'], $_REQUEST['id'] ]);
4.  $return = $rowCnt>0?"success":"fail";
5.  echo json_encode($return);
```

在浏览器中访问 editDept.php?id=7&dname=质检组&dlocation=6666，若修改部门信息成功，则返回结果，如图 6.14 所示。

图 6.14　修改部门信息成功

在数据库的 t_dept 表中，可观察到相应部门信息确实进行了修改，如图 6.15 所示。

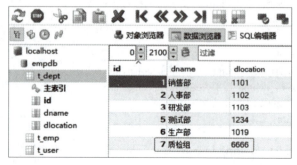

图 6.15　t_dept 表中相应部门信息得到修改

④ 创建后端文件 getAllDept.php，实现获取所有部门信息的功能，代码如下：

```
1.  <?php include('dbTool.php');
2.  $deptAry=queryAll("select id,dname,dlocation from t_dept order by id desc",[ ]);
3.  echo json_encode($deptAry);
```

使用浏览器访问 getAllDept.php，获取所有部门信息，返回结果，如图 6.16 所示。

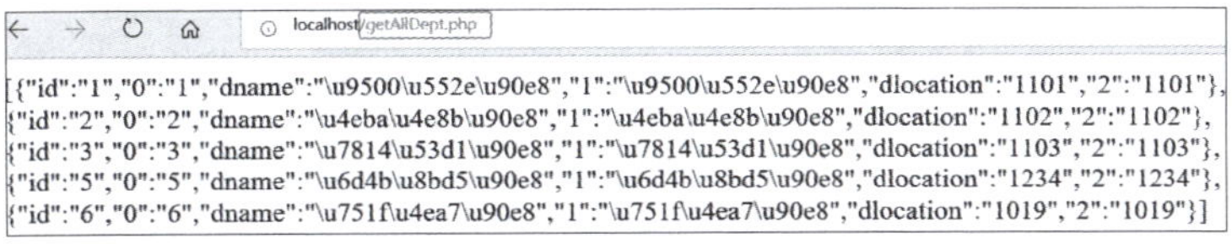

图 6.16　获取所有部门信息

⑤ 创建后端文件 searchDept.php，实现对部门名称模糊查询的功能，代码如下：

```
1.  <?php include('dbTool.php');
2.  $depts=queryAll("select id,dname,dlocation from t_dept where dname like ? order by id desc",
3.    [ '%'.$_REQUEST['dname'].'%' ]);
4.  echo json_encode($depts);
```

使用浏览器访问 searchDept.php?dname=部，进行部门名称模糊查询，返回结果，如图 6.17 所示。

图 6.17　获取部门名称模糊查询（含"部"字）的结果

使用浏览器访问 searchDept.php?dname=销，进行部门名称模糊查询，返回结果，如图 6.18 所示。

图 6.18　获取部门名称模糊查询（含"销"字）的结果

⑥ 创建后端文件 delDept.php，实现通过 id 值删除对应部门功能，代码如下：

```
1.  <?php include('dbTool.php');
2.  $rowCnt=execSQL("delete from t_dept where id=?",[ $_REQUEST['id'] ] );
3.  $return = $rowCnt>0?"success":"fail";
4.  echo json_encode($return);
```

使用浏览器中访问 delDept.php?id=7，若成功删除 id 值为 7 的部门，将返回如图 6.19 所示结果。

在数据库的 t_dept 表中，相应部门数据确实已被删除，如图 6.20 所示。

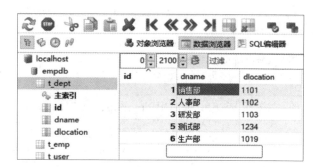

图 6.19　删除 id 值为 7 的部门　　　　　图 6.20　t_dept 表中相应部门信息已被删除

6.2.3　前端发送 AJAX 请求及处理 JSON 返回

【示例 6.4】前端利用 AJAX 技术调用后端功能，并对页面做部分刷新。

创建前端页面文件 ajaxDept.html，代码如下：

```
1.  <script src="js/jquery-3.7.1.min.js"></script>
2.  <script>
3.  function iniList(){                                  //初始化table
4.      $.ajax({url:"getAllDept.php",type:"get",data:{},dataType:"json",
5.          success:function(result){
6.              $("#list .data").detach();               //先移除数据行,再添加所有数据行
7.              $.each(result, function(index, item){
8.                  $("#list").append('<tr class="data"><td>'+item['dname']+'</td><td>'+item['dlocation']
9.                      +'</td><td><button onclick="show2Edit('+item['id']+')">编辑</button></td>'
10.                     +'</td><td><button onclick="del('+item['id']+')">删除</button></td></tr>');
11.             });
12.         },
13.     });
14. }
15. function show2Edit(id){                              //编辑界面:显示部门信息
16.     $.ajax({url:"getDept.php",type:"get",data:{id:id},dataType:"json",
17.         success:function(result){
18.             $('#idEdit').val(result['id']);
19.             $('#dnameEdit').val(result['dname']);
20.             $('#dlocationEdit').val(result['dlocation']);
21.         },
22.     });
23. }
24. function del(id){                                    //删除
25.     if(confirm('确认删除')){
26.         $.ajax({url:"delDept.php",type:"get",data:{id:id},dataType:"json",
27.             success:function(result){                //删除成功
28.                 iniList();    //重新初始化数据行(获取所有数据,重新初始化 table)
29.             },
30.         });
31.     }
```

```
32.    }
33.    $(document).ready(function(){
34.      iniList();                            //初始化 table
35.      $("#searchBtn").click(function(){     //查询
36.        let dname=$('#dname').val();
37.        $.ajax({url:"searchDept.php",type:"post",data:{dname:dname,},dataType:"json",
38.          success:function(result){
39.            $("#list .data").detach();      //先移除数据行,再添加查询结果
40.            $.each(result, function(index, item){
41.              $("#list").append('<tr class="data"><td>'+item['dname']+'</td><td>'+item['dlocation']
42.                +'</td><td><button onclick="show2Edit('+item['id']+')">编辑</button></td>'
43.                +'</td><td><button onclick="del('+item['id']+')">删除</button></td></tr>');
44.            });
45.          }
46.        });
47.      });
48.      $("#addBtn").click(function(){        //添加
49.        let dname=$('#dnameAdd').val();
50.        let dlocation=$('#dlocationAdd').val();
51.        $.ajax({url:"addDept.php",type:"post",data:{dname:dname,dlocation:dlocation},
52.          dataType:"json", success:function(result){
53.            if(result=='success'){          //添加成功
54.              iniList ();                   //重新初始化数据行(获取所有数据,重新初始化 table)
55.            }
56.          }
57.        });
58.      });
59.      $("#editBtn").click(function(){       //编辑
60.        let dname=$('#dnameEdit').val();
61.        let dlocation=$('#dlocationEdit').val();
62.        let id=$('#idEdit').val();
63.        $.ajax({url:"editDept.php",type:"post",data:{dname:dname,dlocation:dlocation,id:id},
64.          dataType:"json",
65.          success:function(result){
66.            if(result=='success'){          //编辑成功
67.              iniList();                    //重新初始化数据行(获取所有数据,重新初始化 table)
68.            }
69.          }
70.        });
71.      });
72.    });
73.    </script>
74.    <input type="text" id='dname' placeholder="请输入部门名称" >
75.    <button id='searchBtn' type="submit">查询</button><br>
77.    <input type="text" id='dnameAdd' placeholder="请输入部门名称" >
78.    <input type="text" id='dlocationAdd' placeholder="请输入部门位置" >
79.    <button id='addBtn' type="submit">添加</button><br>
81.    <input type="hidden" id='idEdit'>
82.    <input type="text" id='dnameEdit' placeholder="请输入部门名称" >
83.    <input type="text" id='dlocationEdit' placeholder="请输入部门位置" >
```

```
84.    <button id='editBtn'type="submit">编辑</button><br>

86.    <table id="list">
87.        <tr><td>名称</td><td>位置</td><td>操作</td></tr>
88.    </tabl>
```

第 1 行，引入 JQuery，本文件中用 JQuery 的 $.ajax() 函数进行后端功能页的访问。

第 3~14 行，定义 iniList() 函数，用于初始化的部门列表数据。即用 $.ajax() 函数调用 getAllDept.php 页面，获取所有部门信息，然后填写到 table 标签中。

第 15~23 行，定义 show2Edit(id) 函数，用于显示 id 值对应的部门信息。即用 $.ajax() 函数调用 getDept.php 页面，获取对应部门信息，然后填写到相应 input 编辑标签中。

第 24~32 行，定义 del(id) 函数，用于删除 id 值对应的部门信息。即用 $.ajax() 函数调用 delDept.php 页面，删除对应部门信息，然后调用 iniList() 抓取新的部门列表数据填充到 table 标签中。

第 34 行，当页面加载完毕后，执行 iniList() 函数，初始化部门列表数据。

第 35~47 行，对"查询"按钮注册 Click 事件：调用 searchDept.php 页面，模糊查询部门名称，并将返回数据转变为 table 的数据行。

第 48~58 行，对"添加"按钮注册 Click 事件：调用 addDept.php 页面，将部门名称和位置插入 t_dept 表中，然后调用 iniList() 抓取新的部门列表数据填充到 table 标签中。

第 59~72 行，对"编辑"按钮注册 Click 事件：调用 editDept.php 页面，修改 t_dept 表中 id 值所对应的部门名称和位置，然后调用 iniList() 抓取新的部门列表数据填充到 table 标签中。

第 74~88 行，是前端操作的界面标签代码。其中，第 74~75 行，为查询功能用的界面标签。第 77~79 行，为添加功能用的界面标签。第 81~84 行，为编辑功能用的界面标签。第 86~88 行，为显示部门列表用的界面标签。

在浏览器中，测试过程如下：

访问 ajaxDept.php 文件，显示部门表 t_dept 中所有数据行，如图 6.21 所示。

在添加行中，输入部门名称"质检组"、部门位置"1236"，单击"添加"按钮后，页面部分刷新，在列表中会多出新增"质检组"部门信息，如图 6.22 所示。

图 6.21 访问 AJAX 请求显示部门表中所有数据行

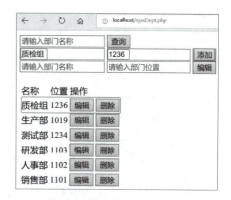
图 6.22 添加部门信息会"部分刷新"到列表中

在第一行输入框中输入"部"字符,单击"查询"按钮,对部门名称进行模糊查询,获得了 6 条部门数据。注意,新增的"质检组"因为名称不符合查询要求,并未列出,如图 6.23 所示。

单击"测试部"的"编辑"按钮,相应的部门名称和部门位置将放置到编辑行相应的输入框中,如图 6.24 所示。注意,此时的部门 id 值也放入了隐藏输入框中。

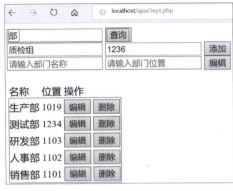

图 6.23　模糊查询结果在列表中显示

图 6.24　单击操作列中的编辑按钮,编辑行中显示相应部门信息

修改"测试部"为"测试组","1234"为"1248",单击右侧"编辑"按钮,新数据会修改回部门表 t_dept 后,页面部分刷新,列表中将显示修改后的部门数据,如图 6.25 所示。

在部门列表中,单击"质检组"右侧的"删除"按钮,在弹出的确认框中单击"确定"按钮,如图 6.26 所示,则页面将部分刷新部门列表。其中的质检组因为在部门表 t_dept 中已被删除,因此列表中也不再显示,如图 6.26 所示。

图 6.25　编辑部门信息后刷新列表数据

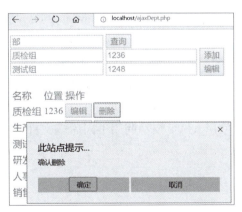

图 6.26　单击列表行上删除按钮

相应行上的部门信息将会被删除,部门列表也会自动刷新,相应数据不再显示,如图 6.27 所示。

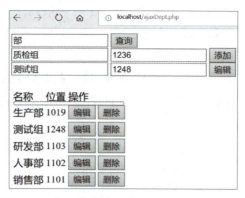

图 6.27　部门信息被删除后，列表会自动刷新

思考与练习

1. 针对分类表 t_category 中的数据创建 6 个后端文件，分别实现增、删、改、查相关功能。

（1）创建后端文件 getCategory.php，实现通过 id 值获取相应分类信息的功能。注意，返回为经 JSON 编码后的分类对象。

（2）创建后端文件 addCategory.php，实现添加分类信息的功能。注意，返回为经 JSON 编码后的成功或失败信息。

（3）创建后端文件 editCategory.php，实现修改分类信息的功能。注意，返回为经 JSON 编码后的成功或失败信息。

（4）创建后端文件 getAllCategory.php，实现获取所有分类信息的功能。注意，返回为经 JSON 编码后的分类数组。

（5）创建后端文件 searchCategory.php，实现对分类名称模糊查询的功能。注意，返回为经 JSON 编码后的分类数组。

（6）创建后端文件 delCategory.php，实现通过 id 值删除对应分类的功能。注意，返回为经 JSON 编码后的成功或失败信息。

2. 设计前端页面文件 ajaxDept.html。

使用 AJAX 技术调用不同后端文件，并结合操作界面，实现增、删、改、查相关功能。

第 7 章

验证相关操作

本章要点

1. 通过 type 属性和 pattern 属性进行前端验证。
2. 通过 JavaScript 代码进行验证。
3. 通过 JQuery 的 validate 进行验证。
4. 后端对提交数据的过滤处理。
5. 后端对提交数据的有效性验证。
6. 使用 GD 扩展库 API 绘制验证码。
7. 验证码的使用。
8. PHP 内置加密算法。
9. 数据加密应用。

学习目标

1. 掌握各类前端验证，能快速应用到开发场景中。
2. 掌握后端对提交数据的常规操作：过滤处理和有效性验证，并能返回出错信息给前端。
3. 能按需求改写验证码的生成代码，并能结合场景使用验证码。
4. 掌握至少一种加密函数的使用。
5. 能正确使用加密函数，保证密码存储的安全性。

7.1 前后端的输入验证

对于输入验证，可分为前端和后端两种方式。前端验证可消除无效输入信息，并减轻后端压力。后端验证也不可缺少，因为恶意客户可能绕过前端验证，或通过工具直接访问后端，因此后端不可因为前端已有验证而忽略这一工作。

7.1.1 前端验证

前端验证，又可分 input 标签通过 type 属性自带验证功能，以及自定义验证功能两种方式。

1. 通过 input 标签的 type 属性进行验证

因为在 HTML5 中，对 input 标签新增了 7 种类型（email、url、number、range、date、search、color），因此，对于此类型数据输入，已经不用写 JavaScript 或 JQuery 代码验证了。

【示例 7.1】input 标签之 email、url、number 类型的验证。

```
1.  <form>
2.  输入 E-mail：<input type="email" name="email"/><br><br>
3.  输入 URL：<input type="url" name="url"/><br><br>
4.  输入年龄：<input type="number" name="age"/><br> <br>
5.  输入年龄(0~150)：<input type="number" name="age2" min="0" max="150" /><br>
6.  <button type="submit">提交</button>
7.  </form>
```

第 2 行，指定 input 标签的 type 值为 email，用来验证输入是否符合 Email 地址格式。如果不符合，将提示相应的错误信息，如"你必须输入有效电子邮件地址"。注意：在不同浏览器中，提示错误的信息是有所不同的，其他类型验证类似，就不做赘述了。

第 3 行，指定 input 标签的 type 值为 url，用来验输入是否符合 URL 地址格式。如果不符合，将提示相应的错误信息，如"你必须输入有效 URL"。

第 4 行，指定 input 标签的 type 值为 number，用来验输入是否符合数字格式。如果不符合，将提示相应的错误信息，如"你必须输入一个数字"。

第 5 行，除了指定 input 标签的 type 值为 number 外，还给定了 min 和 max 值，则除了验证输入是否符合数字格式外，还会验证输入数字是否在 min 和 max 值范围内。如果不在范围内，将提示相应的错误信息，如"你必须输入介于 min 到 max 之间的值"（min 和 max 为对应两个属性值）。

注意，以上 input 标签中如果没有输入，则不会进行验证。若是必填，则可加 required 属性进行验证，如下要求 email 信息必填：

```
输入 E-mail：<input type="email" name="email" required="required" />
```

在浏览器中运行测试，分别输入不符合格式或范围要求的数据，则 input 输入框将显示红色的警示边框，单击对应输入框，会显示相应的错误信息，如图 7.1 所示。

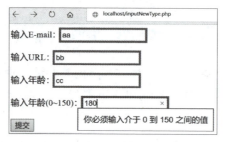

图 7.1 输入不符合格式或范围要求的数据

除了示例中演示的 input 类别外，date 类型也用得比较多，有时也会使用 time 类型，示例代码如下：

```
1.  <input name="opDate" type="date" placeholder="操作日期" >
2.  <input name="opTime" type="time" placeholder="操作时间" >
```

单击以上两个输入框，将弹出如图 7.2 和图 7.3 所示的日期和时间选择效果。

图 7.2　日期选择

图 7.3　时间选择

【示例 7.2】input 标签之手机号格式的验证。

input 标签中的 tel 类型用来验证输入是否符合电话号码格式。如果不符合，将提示相应的错误信息。但由于电话号码的格式变化太多，很难实现一个通用的格式。因此通常会和 pattern 属性配合使用。对于国内手机号验证，代码如下：

```
1.  <form>
2.      输入手机号：
3.      <input type='tel'pattern='[0-9]{11}'title='请输入 11 位手机号码'><br>
4.      <button type="submit">提交</button>
5.  </form>
```

第 3 行，用 pattern 属性指定了电话号码的样式"'[0-9]{11}'"，因此，提交时，该输入框值必须为"11 位数字值"。

使用浏览器测试：在电话号码输入框中输入 10 位数字，单击"提交"按钮后，出现错误提示信息"你必须使用此格式：请输入 11 位手机号码"，如图 7.4 所示。

图 7.4　出现错误提示信息

2. 使用 pattern 属性的正则表达式进行验证

在 input 标签之 tel 类型的验证示例中，使用了 type 类型结合 pattern 属性进行验证，实际上真正起作用的是 pattern 属性值。pattern 属性用于验证 input 输入框中用户输入的内容是否与所定义的正则表达式相匹配。pattern 属性适用的类型是 text、search、url、tel、email 和 password。常用的正则表达式见表 7.1。

表 7.1 常用的正则表达式

正则表达式	验证场景
[1-9][0-9]{4,14}	QQ 号
^(13[0-9]|14[5|7]|15[0|1|2|3|5|6|7|8|9]|18[0|1|2|3|5|6|7|8|9])\d{8}$	手机号
^[1-9]\d{5}[1-9]\d{3}((0[1-9])|(1[0-2]))((0[1-9])|([1-2]\d)|(3[0-1]))((\d{4})|(\d{3}[Xx]))$	身份证
^[A-Za-z0-9]+@([A-Za-z0-9]+\.)+[A-Za-z]{2,4}$	Email
^[\u4e00-\u9fa5]{1,4}$\|^[\dA-Za-z_]{3,8}$	1~4 个汉字或 2~8 个数字或字母
^[a-zA-Z]\w{7,15}$	密码:字母开头,长度为 8~15,含字母、数字和下划线

【示例7.3】 用 pattern 属性验证注册用户信息。

```
1.  <form>
2.  用户名<input type="text" title=""1~4 个汉字"或"2~8 个数字或英文字符"" required
3.      pattern="^[\u4e00-\u9fa5]{1,4}$|^[\dA-Za-z_]{2,8}$"><br>
4.  身份证<input type="text" title="18 位身份证"
5.      pattern="^[1-9]\d{5}[1-9]\d{3}((0[1-9])|(1[0-2]))((0[1-9])|([1-2]\d)|(3[0-1]))((\d{4})|(\d{3}[Xx]))$" ><br>
6.  手机号<input type="text" title="11 位手机号"
7.      pattern="^(13[0-9]|14[5|7]|15[0|1|2|3|5|6|7|8|9]|18[0|1|2|3|5|6|7|8|9])\d{8}$" ><br>
8.  QQ 号<input type="text" title="5~15 位正确的 QQ 号"
9.      pattern="[1-9][0-9]{4,14}"><br>
10. 密码<input type="password" title='字母开头,长度在 8~16 之间,只能包含字母、数字和下划线'
11.     pattern="^[a-zA-Z]\w{7,15}$"><br>
12. <button type="submit">提交</button>
13. </form>
```

第 2~3 行,用 pattern 验证输入是否符合用户名输入格式。如果不符合,将提示相应的错误信息"你必须使用此格式:1~4 个汉字或 2~8 个数字或英文字符"。即,会将 title 属性值拼接到提示信息中(后面几行 pattern 验证类似)。

第 4~5 行,用 pattern 验证输入是否符合身份证输入格式。

第 6~7 行,用 pattern 验证输入是否符合手机号输入格式。

第 8~9 行,用 pattern 验证输入是否符合 QQ 号输入格式。

第 10~11 行,用 pattern 验证输入是否符合密码输入格式。

在浏览器中运行测试,分别输入不合格式要求的数据,在 input 输入框上将显示红色的警示边框,单击对应输入框,会显示相应的错误信息,如图 7.5 所示。

图7.5　输入不合格式要求的数据将显示警示框和警告信息

3. 使用 JavaScript 进行验证

值得注意的是，倘若浏览器不支持 input 标签的输入类型，则会在网页中显示为一个普通的 input 输入框。此时的 type 属性就失去了验证功能，只能使用 JavaScript 或 JQuery 进行验证。

【示例7.4】用 JavaScript 验证注册用户信息。

```
1.  <form onsubmit="return check()">
2.     用户名<input type="text" id="name" ><br>
3.     身份证<input type="text" id="cardId" ><br>
4.     手机号<input type="text" id="tel"   ><br>
5.     QQ 号<input type="text" id="qq" ><br>
6.     密码<input type="password" id="pwd" ><br>
7.     <button type="submit" >提交</button>
8.  </form>
9.  <script>
10.   function check(){
11.     let inputName=document. getElementById('name');   //用户名检验
12.     if(!isValidName(inputName. value)){
13.       inputName. focus();
14.       return false;
15.     }
16.     let inputCardId=document. getElementById('cardId');  //身份证检验
17.     if(!isValidCardId(inputCardId. value)){
18.       inputCardId. focus();
19.       return false;
20.     }
21.     let inputTel=document. getElementById('tel');   //手机号检验
22.     if(!isValidMobilePhone (inputTel. value)){
23.       inputTel. focus();
24.       return false;
25.     }
26.     let inputQQ=document. getElementById('qq');   //QQ 号检验
27.     if(!isValidQQ(inputQQ. value)){
28.       inputQQ. focus();
29.       return false;
30.     }
```

```
31.      let inputPwd=document.getElementById('pwd');          //密码检验
32.      if(!isValidPassword(inputPwd.value)){
33.        inputPwd.focus();
34.        return false;
35.      }
36.      return true;                                           //验证通过,提交 action 后端处理
37.    }
38.    //不为空判断函数
39.    function isEmpty($str){
40.      if($str==null || trim($str)==""){
41.         return true;
42.      }
43.      return false;
44.    }
45.    //用户名验证函数
46.    function isValidName(name){
47.      if(isEmpty(name)){                                     //name 不为空,相当于 input 的 required 属性
48.         alert('用户名必填');
49.         return false;
50.      }
51.      let reg = /^[\u4e00-\u9fa5]{1,4}$|^[\dA-Za-z_]{2,8}$/;  //同 pattern 属性用法
52.      if(!reg.test(name)){
53.         alert('用户名必须为:1~4 个汉字,或 2~8 个数字、英文字符');
54.         return false;
55.      }
56.      return true;
57.    }
58.    //身份证验证函数
59.    function isValidCardId(cardId){
60.      let reg = /^[1-9]\d{5}[1-9]\d{3}((0[1-9])|(1[0-2]))((0[1-9])|([1-2]\d)|(3[0-1]))((\d{4})|(\d{3}[Xx]))$/;
61.      if(!reg.test(cardId)){
62.         alert('身份证号必须为:标准 18 位身份证');
63.         return false;
64.      }
65.      return true;
66.    }
67.    //手机号验证函数
68.    function isValidMobilePhone(tel){
69.      let reg = /^(13[0-9]|14[5|7]|15[0|1|2|3|5|6|7|8|9]|18[0|1|2|3|5|6|7|8|9])\d{8}$/;
70.      if(!reg.test(tel)){
71.         alert('手机号必须为:正确的 11 位手机号');
72.         return false;
73.      }
74.      return true;
75.    }
76.    //QQ 号验证函数
77.    function isValidQQ(qq){
78.      let reg = /[1-9][0-9]{4,14}/;
79.      if(!reg.test(qq)){
```

```
80.              alert('QQ 号必须为:5~15 位正确的 QQ 号');
81.              return false;
82.          }
83.          return true;
84.      }
85.      //密码验证函数
86.      function isValidPassword(pwd){
87.          let reg = /^[a-zA-Z]\w{7,15}$/;
88.          if(!reg.test(pwd)){
89.              alert('密码必须为:字母开头,长度在 8~15 之间,只能包含字母、数字和下划线');
90.              return false;
91.          }
92.          return true;
93.      }
94.  </script>
```

　　整体验证功能同上一个示例,只是验证工作交由 JavaScript 进行处理。相较于指定 input 标签的 type 属性进行验证,JavaScript 代码方式要烦琐些,但能提供足够的灵活性。

　　第 1 行,在 form 中加入了 onsubmit="return check()"属性:提交时先交给 check()函数处理,当函数返回为 false 时不予提交,当返回 true 时,则提交到后端处理。

　　第 10~37 行,定义了 check()函数,分别对各类输入框值进行验证。第 11~15 行对用户名进行验证,第 16~20 行对身份证进行验证,第 21~25 行对手机号进行验证,第 26~30 对 QQ 号进行验证,第 31~37 行对密码进行验证。这些验证思路基本相同:通过正则表达式判断是否合法,不合法时,弹出警告框,对应输入框获得输入焦点并返回 false,合法则返回 true。

　　第 38~93 行,定义了判断是否为空函数,以及对用户名、身份证、手机号、QQ 号、密码进行具体验证的函数。

　　在浏览器中测试验证功能:输入不合法的用户名"a",单击"提交"按钮,因为验证没有通过(长度太短),弹出警告"用户名必须为……",如图 7.6 所示。

　　单击"确定"按钮,后焦点将切到用户名输入框中,如图 7.7 所示。

图 7.6　弹出相应警告框

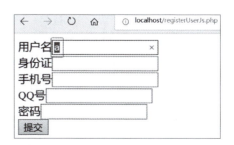

图 7.7　焦点将切到用户名输入框中

经测试，其他几个输入框的 JavaScript 处理功能类似，都能起到应有的验证作用，此处不再赘述。

4. 使用 JQuery 的 Validate 进行验证

在 JQuery 中，可使用轻量级验证插件 Validate（可从 https://jqueryvalidation.org 网站下载 jquery.validate.min.js 文件），助力开发者快速实现 input、textarea、select 等表单元素的输入验证。

Validate 插件提供了一套丰富的验证规则，包括必填、邮箱格式、数字范围、URL、密码强度等 19 个内置验证规则。当规则不适合时，也支持自定义规则来实施个性化的验证。验证可通过 keyup 或 blur 事件触发，而不仅仅在表单提交时触发。

Validate 插件常用的内置验证规则见表 7.2。

表 7.2　Validate 插件常用的内置验证规则

验证规则	验证场景
required：true	必填
remote："remote-valid.php"	使用 AJAX 方法调用 remote-valid.php 文件来验证
email：true	正确格式的电子邮件
url：true	正确格式的 URL
dateISO：true	正确格式的日期（ISO），如 2023-09-28、2023/09/28 注：另有验证日期规则 date：true，因在 IE6 中会出错，不建议使用
number：true	合法的数字（包括负数、小数）
digits：true	合法的整数
equalTo：selector	输入值应该和 selector 元素中的值相同，如 equalTo：#password
accept：ext	上传文件的后缀应该为 ext，如 accept：jpg
rangelength	输入的字符串长度范围，如 rangelength：[8,20]
maxlength：n	输入的字符串最大长度（汉字为一个字符），如 maxlength：9
minlength：n	输入的字符串最小长度（汉字为一个字符），如 minlength：2
range：[a,b]	输入值必须介于 a 和 b 之间，如 range：[0,5]
max：a	输入值不能大于 a，如 max：5
min：b	输入值不能小于 b，如 min：0

【示例 7.5】用 JQuery 的 Validate 插件进行密码验证。

```
1.  <script src="js/jquery-3.7.1.min.js"></script><!--先导入 validate 插件所需 JQuery -->
2.  <script src="js/jquery.validate.min.js"></script>  <!--导入 validate 插件 -->
3.  <script>
4.  $(function(){
5.      $('form').validate({           //选择表单,用规则对其验证
6.          rules:{                    //规则
7.              //对#pwd 元素进行验证:规则必填、长度为 8~20 位
```

```
8.        pwd:{
9.            required:true,            //默认警告 This field is required.
10.           rangelength:[8,20]        //默认警告 Please enter a value between 8 and 20 characters long.
11.       },
12.       //对#pwd元素进行验证:规则必填、两次密码输入与#pwd一致!
13.       pwd2:{
14.           required:true,
15.           equalTo:pwd               //默认警告 Please enter the same value again.
16.       }
17.     },
18.     messages:{                      //修改默认警告信息
19.       pwd:{
20.           required:"*必填!",
21.           rangelength:"*长度为8到20位!",
22.       },
23.       pwd2:{
24.           required:"*必填!",
25.           equalTo:"*两次密码输入必须一致!",
26.       },
27.     }
28.   });
29. });
30. </script>
31. <style>  .error{ color:red; } </style>
32. <form>
33.     设置密码:<br>
34.     密码<input name="pwd" id="pwd" type="password" ><br>
35.     确认密码<input name="pwd2" id="pwd2" type="password"> <br>
36. </form>
```

第1~2行，先后导入JQuery和Validate插件。

第5~28行，页面加载后，注册相应的表单验证规则及相应警告信息。第6~17行，对#pwd（密码输入框）和#pwd2（密码确认框）表单元素设置Validate验证规则，#pwd设置了必填和长度限定规则，#pwd2设置了必填和#pwd同值规则；第18~28行，对#pwd和#pwd2中设置的规则的默认警告信息进行了重写，否则"required:true"默认警告信息为"This field is required."，"rangelength:[8,20]"默认警告信息为"Please enter a value between 8 and 20 characters long."，"equalTo:pwd"默认警告信息为"Please enter the same value again."。

第31行，设置了警告信息的样式：字体显示为红色。实际上，通过查看元素代码，当表单填写不正确时，Validate会在input元素的兄弟元素label里显示警告提示。如下所示：

`<label class="error" id="pwd-error" for="pwd">*必填!</label>`

因此，要改变警告提示的样式，可通过编辑.error选择器的样式实现。

第34、35行，在表单form中编写了密码输入框和确认密码输入框。注意，使用了id属性，在Validate的rules中被验证的组件名称（如pwd和pwd2）实际上对应着这些id值属性值。

注意，当 Validate 接管验证后，原来的 pattern 属性验证功能将失效。

在浏览器中测试 Validate 验证效果，过程如下：

访问页面后，直接单击"提交"按钮，密码输入框（#pwd）和确认密码输入框（#pwd2）因为设置了 Validate 规则 required：true，因此会出现警告信息"＊必填！"，如图 7.8 所示。

密码输入框中输入长度错误时，单击"提交"按钮，出现警告信息"＊长度为 8 到 20 位！"，如图 7.9 所示。

图 7.8　required：true 规则字段在未填时会有相应警告信息

图 7.9　不合 rangelength 规则输入会有相应警告信息

在密码输入框中输入长度正确的密码，但在确认密码输入框中输入与密码框中不同的内容，单击"提交"按钮，会出现警告信息"＊两次密码输入必须一致！"，如图 7.10 所示。

图 7.10　不合 equalTo 规则输入会有相应警告信息

当满足表单中所有的 Validate 规则后，单击"提交"按钮，则不再出现警告信息，接着会将表单信息向后端提交，如图 7.11 所示。

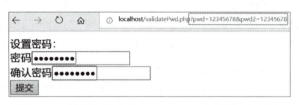

图 7.11　满足表所有的 Validate 规则后可正常提交

7.1.2　后端验证

通常来说，为提高安全性，前端验证内容在后端都会再验证一次。因为恶意用户可以通过浏览器人为地修改前端代码，设置通过模拟浏览器行为直接给服务器发请求。

1. 提交数据过滤

若在提交的数据中混有一些恶意代码，如可执行的 script 脚本，那么在用户查看时就会执行，从而威胁网站安全。因此，对于要提交的数据，一定要先行过滤。

常见的有以下三种过滤操作：

（1）用 trim（）函数去除提交数据中不必要的"空白"字符，如空格、制表符（\t）、换行符（\n、\r）等。代码举例如下：

```
1.  <?php
2.  echo "   \n\tHello   ".'<br>';          //用 strlen()函数观察长度：12
3.  echo trim("   \n\tHello    ").'<br>';   //用 strlen()函数观察长度：5
```

浏览器运行后，查看其 HTML 源代码，可发现 trim（）函数处理后的字符串变为"Hello"，其长度为 5 个有效字符，如图 7.12 所示。

图 7.12　trim（）函数可去除两边"空白"字符

（2）用 stripslashes（）函数去除提交数据中的反斜杠符（如\'转换为'、\\转换为\），以便浏览器能正确显示表单提交数据。注意，该函数还可用于清理从数据库中取回的数据。

```
1.  <?php
2.  echo stripslashes("I don\'t like C++");
```

浏览器运行后，查看其 HTML 源代码，可发现 stripslashes（）函数去除了\'前的\符号，如图 7.13 所示。

图 7.13　stripslashes（）函数会去除转义字符

（3）用 htmlspecailchars（）函数将提交数据中的 HTML 特殊字符转换为 HTML 实体字符，防止浏览器解析运行恶意脚本。代码举例如下：

```
1.  <?php
2.  //echo '<script>window. location. href="http://www. viciousite. com"</script>';
3.  echo htmlspecialchars('<script>window. location. href="http://www. viciousite. com"</script>');
```

第 2 行，未经 htmlspecialchars( ) 函数处理的输入字符串，在用户打开页面时，直接就执行了一段恶意的 JavaScript 代码。例如，此处代码会令浏览器转至一个邪恶网站（虚构）。

第 3 行，经 htmlspecialchars( ) 函数处理后，JavaScript 代码不可能执行，查看源代码，可发现"<"">"等字符已经被转换为 HTML 实体字符。因此，在页面上可显示相应代码，而不再被执行，如图 7.14 所示。

图 7.14　htmlspecialchars( ) 函数可转换特殊字符为 HTML 实体字符

在进行项目实践时，可将以上三种过滤功能写入一个自定义函数中，通过复用，提高开发效率。

【示例 7.6】表单数据统一过滤函数。

在独立的通用工具文件（如 common/checkForm.php）中，编写如下代码：

```
1.  <?php
2.  //过滤表单中提交的某项数据
3.  function filterFormData($str) {
4.      $str = trim($str);                    //去除两端空白字符
5.      $str = stripslashes($str);            //去除反斜杠
6.      $str = htmlspecialchars($str);        //转换特殊字符为实体字符
7.      return $str;
8.  }
```

第 3~8 行，定义了统一的表单过滤函数。

第 4~6 行，分别对字符串 $str 中的内容进行过滤操作：去除两端空白字符、去除反斜杠、转换特殊字符为实体字符。

第 7 行，为返回过滤后的安全数据。

使用过滤函数，如下所示：

【示例 7.7】对提交数据进行过滤。

```
1.  <?php
2.      include 'common/checkForm.php';                //引入统一过滤函数
3.      $fields=[ ];
4.      if(!empty($_POST)){                            //表单有提交
5.          foreach(['dname','dlocation'] as $fieldName){
6.              $fields[$fieldName]=isset($_POST[$fieldName])?$_POST[$fieldName]:'';
7.          }
8.      echo '未过滤前:<br>';
9.      print_r($fields);                              //显示过滤后的结果
```

```
10.        foreach(['dname','dlocation'] as $fieldName){ //对表单中的每个数据逐一过滤处理
11.            $fields[$fieldName]=isset($_POST[$fieldName])
12.                    ?filterFormData($_POST[$fieldName]):'';
13.        }
14.        echo '<br>经过滤后:<br>';
15.        print_r($fields); //显示过滤后结果
16.    }
17. ?>
18. <form action="<?=htmlspecialchars($_SERVER["PHP_SELF"])?>" method="post">
19.  <input type="text" name='dname'   placeholder="请输入部门名称"><br>
20.  <input type="text" name='dlocation'placeholder="请输入部门位置"><br>
21.  <button id='addBtn'type="submit">添加</button><br>
22. <form>
```

第2行，引入了表单数据统一过滤函数所在文件。

第5~9行，未过滤前，对表单数据用 print_f( ) 函数输出。

第10~15行，用自定义函数 filterFormData( ) 对表单数据逐一做过滤处理，再用 print_f( ) 函数输出处理过的表单数据。

在浏览器中测试：输入部门名称 " \'<<飞天>>\'项目部"（注意，有空白字符、有反斜杠字符和 HTML 特殊字符 "<" ">"），单击"添加"按钮后，页面呈现结果，去除空白字符和反斜杠、转换特殊字符为实体字符都已实现，如图7.15所示。

图7.15　去除空白字符和反斜杠、转换特殊字符为实体字符都已实现

比较过滤前、后的源代码内容，三个过滤功能显然都起效了。

2. 提交数据有效性验证

和前端类似，后端通常需对表单输入数据进行有效性验证。常见数据有身份证号、手机号、QQ号、密码、Email 等。

【示例7.8】验证身份证。

可将验证身份证函数定义在通用工具文件（如 common/checkForm.php）中，代码如下：

```
1.   const REG_CARD_ID
2.   = "/^[1-9]\d{5}[1-9]\d{3}((0[1-9])|(1[0-2]))((0[1-9])|([1-2]\d)|(3[0-1]))((\d{4})|(\d{3}
3.   [Xx]))$/";
4.   function checkCardId($cardId){      //同前端,再进行一次正则表达式验证
5.       if(!preg_match(REG_CARD_ID, $cardId)){
6.           return '身份证号格式不符合要求';
7.       }
8.       return true;
9.   }
10.  echo checkCardId('310228198703098011').'<br>';
11.  echo checkCardId('31022281987030980').'<br>';
```

第1~3行,定义了身份证号验证的正则表达式常量 REG_CARD_ID。注意,该表达式和前端验证逻辑一致。

第4~9行,定义了 checkCardId($cardId) 函数,用正则表达式 REG_CARD_ID 对输入的身份证号进行有效性验证。正确则返回真,否则,返回出错信息。

第10、11行,对 checkCardId($cardId) 函数进行测试。第10行输入的是正确格式的身份证号,因此返回为真(页面显示1);第11行输入身份证号长度不对,因此,返回为报错信息"身份证号格式不符合要求"。

在浏览器中进行访问测试,结果如图 7.16 所示。

图 7.16　验证两个身份证号格式是否有效的结果

【示例 7.9】验证手机号。

同样,可将验证手机号函数定义在通用工具文件(如 common/checkForm.php)中,代码如下:

```
1.   const REG_MOBILE_PHONE
2.   = "/^(13[0-9]|14[5|7]|15[0|1|2|3|5|6|7|8|9]|18[0|1|2|3|5|6|7|8|9])\d{8}$/";
3.   function checkPhone($num){
4.       if(!preg_match(REG_MOBILE_PHONE,$num)){
5.           return '手机号码不符合要求';
6.       }
7.       return true;
8.   }
9.   echo checkPhone('13801930495').'<br>';
10.  echo checkPhone('138019304').'<br>';
```

第1、2行,定义了11位手机号验证的正则表达式常量 REG_MOBILE_PHONE。注意,该表达式需要和前端验证逻辑一致。

第3~8行,定义了 checkCardId($num) 函数,用正则表达式 REG_CARD_ID 对输入的身份证号进行有效性验证。正确则返回真,否则,返回出错信息。

第 9、10 行，对 checkPhone($num)函数进行测试。第 9 行输入的是正确格式的手机号，因此返回为真（页面显示 1）；第 10 行输入的手机号长度不对，因此，返回报错信息"手机号码不符合要求"。

在浏览器中进行访问测试，结果如图 7.17 所示。

图 7.17 验证两个手机号格式是否有效的结果

【示例 7.10】 验证 QQ 号。

同样，可将验证 QQ 号函数定义在通用工具文件（如 common/checkForm.php）中，代码如下：

```
1.  function checkQQ($qq){
2.      if(!preg_match('/^[1-9][0-9]{4,20}$/',$qq)){
3.          return 'QQ 号码格式不符合要求';
4.      }
5.      return true;
6.  }
7.  echo checkQQ('12345678'). '<br>';
8.  echo checkQQ('123'). '<br>';
9.  echo checkQQ('123ab'). '<br>';
```

第 1~6 行，定义了 checkQQ($qq)函数，用正则表达式 /^[1-9][0-9]{4,20}$/ 对输入的 QQ 号进行有效性验证。正确则返回真，否则，返回出错信息。注意，正则表达式需要和前端验证逻辑一致。

第 7~9 行，对 checkQQ($qq)函数进行测试。第 7 行输入的是正确格式的 QQ 号，因此返回为真（页面显示 1）；第 8 行输入的 QQ 号长度不对，因此返回为报错信息"QQ 号码格式不符合要求"；第 9 行输入的 QQ 号长度正确，但含有非法的字符 ab（应该使用数字），因此也会返报错信息"QQ 号码格式不符合要求"。

在浏览器中进行访问测试，结果如图 7.18 所示。

图 7.18 验证三个 QQ 号格式是否有效的结果

【示例 7.11】 验证密码。

同样，可将验证密码函数定义在通用工具文件（如 common/checkForm.php）中，代码如下：

```
1.  function checkPassword($pwd){
2.      if(!preg_match('/^[a-zA-Z]\w{7,15}$/',$pwd)){
3.          return '密码格式不符合要求';
4.      }
5.      return true;
6.  }
7.  echo checkPassword('a2345678').'<br>';
8.  echo checkPassword('1234abcd').'<br>';      //首字符应为英文
9.  echo checkPassword('a234').'<br>';          //长度
```

第 1~6 行，定义了 checkPassword($pwd) 函数，用正则表达式 /^[a-zA-Z]\w{7,15}$/ 对输入的密码字符串进行有效性验证。正确则返回真，否则返回出错信息。注意，正则表达式需要和前端验证逻辑一致。

第 7~9 行，对 checkPassword($pwd) 函数进行测试。第 7 行输入的是正确格式的密码，因此返回为真（页面显示 1）；第 8 行输入密码首字符不对，应该是英文字符，因此，返回为报错信息"密码格式不符合要求"；第 9 行输入的密码长度不正确，因此，也会返报错信息"密码格式不符合要求"。

在浏览器中进行访问测试，结果如图 7.19 所示。

图 7.19 验证三个密码格式是否有效的结果

【示例 7.12】验证 Email。

同样，可将验证 Email 函数定义在通用工具文件（如 common/checkForm.php）中，代码如下：

```
1.  function checkEmail($email){
2.      if(!preg_match('/^[A-Za-z0-9]+@([A-Za-z0-9]+\.)+[A-Za-z]{2,4}$/',$email)){
3.          return 'Email 格式不符合要求';
4.      }
5.      return true;
6.  }
7.  echo checkEmail('abc@efg.hij').'<br>';
8.  echo checkEmail('abc@').'<br>';
9.  echo checkEmail('@efg').'<br>';
```

第 1~6 行，定义了 checkEmail($email) 函数，用正则表达式 /^[A-Za-z0-9]+@([A-Za-z0-9]+\.)+[A-Za-z]{2,4}$/ 对输入的 Email 地址进行有效性验证。正确则返回真，否则返回出错信息。注意，正则表达式需要和前端验证逻辑一致。

第 7~9 行，对 checkEmail($email) 函数进行测试。第 7 行输入的是正确格式的 Email 地址，因此返回为真（页面显示 1）；第 8、9 行输入的 Email 地址不完整，因此，返回为报错信息"Email 格式不符合要求"。

在浏览器中进行访问测试,结果如图 7.20 所示。

图 7.20　验证三个 Email 格式是否有效的结果

【示例 7.13】验证必填。

对于必填(不可为空)的判断,非常简单,可将必填函数定义在通用工具文件(如 common/checkForm.php)中,代码如下:

```
1.  function isEmpty($str){
2.      if($str==null || trim($str)==""){
3.          return true;
4.      }
5.      return false;
6.  }
7.  echo isEmpty('ada').'<br>';
8.  echo isEmpty('').'<br>';
9.  echo isEmpty(null).'<br>';
```

第 1~6 行,定义了 isEmpty($str) 函数,对输入的字符串判断是否为 null 值或空字符串值。是则返回真,否则返回假。

第 7~9 行,对 isEmpty($str) 函数进行测试。第 7 行输入的是非空值,因此,返回为假(页面无显示);第 8、9 行输入的是两种空值(null 和""),因此,返回为真(页面显示 1)。

在浏览器中进行访问测试,结果如图 7.21 所示。

图 7.21　验证三个必填值是否满足要求的结果

7.1.3 前后端验证

前端验证的目的是提供即时反馈和更好的用户体验,而后端验证则是进一步确保最终数据的完整性和安全性。两者结合起来,可以提供更为全面的验证效果。

现实项目中,每提交一次数据,通常会同时使用到前端验证和后端验证。

前端验证部分:通过 required、pattern 等验证特征来判断表单字段中用户输入(密码、电子邮件、电话号码等)是否符合预期格式。对于特定验证需求,例如检查两次密码输入是否一致,还应使用 JavaScript 来编写自定义验证逻辑并提示错误信息。

后端验证部分：最终的数据有效性仍然应该由后端保证。用 PHP 代码对接收到的数据进行有效性检查，确保输入的有效性和完整性。最后针对不同的验证结果，切至不同页面或返回相应的（成功、失败）消息给前端。

【示例 7.14】前后端验证用户注册信息。

（1）统一过滤和验证函数实现。

先按需求修改 common/checkForm.php 文件。修改内容主要是：当验证不通过时，验证方法不再返回错误信息，而是返回 false，具体出错信息交由前端调用来灵活设置，代码如下：

```php
<?php
//过滤表单中提交的某项数据
function filterFormData($str) {
    $str = trim($str);                    //去除两端空白字符
    $str = stripslashes($str);            //去除反斜杠
    $str = htmlspecialchars($str);        //转换特殊字符为实体字符
    return $str;
}
//验证身份证
const REG_CARD_ID = "/^[1-9]\d{5}[1-9]\d{3}((0[1-9])|(1[0-2]))((0[1-9])|([1-2]\d)|(3[0-1]))((\d{4})|(\d{3}[Xx]))$/";
function checkCardId($cardId){            //同前端,再进行一次正则表达式验证
    if(!preg_match(REG_CARD_ID, $cardId)){
        return false;                     //身份证号格式不符合要求
    }
    return true;
}
//验证手机号(11 位)
const REG_MOBILE_PHONE = "/^(13[0-9]|14[5|7]|15[0|1|2|3|5|6|7|8|9]|18[0|1|2|3|5|6|7|8|9])\d{8}$/";
function checkPhone($num){
    if(!preg_match(REG_MOBILE_PHONE,$num)){
        return false;                     //手机号码不符合要求
    }
    return true;
}
//验证 QQ 号(5~20 位)
function checkQQ($qq){
    if(!preg_match('/^[1-9][0-9]{4,20}$/',$qq)){
        return false;                     //QQ 号码格式不符合要求
    }
    return true;
}
//验证密码(长度 8~16 位,英文首字符,只允许英文字母、数字、下划线)
function checkPassword($password){
    if(!preg_match('/^[a-zA-Z]\w{7,15}$/',$password)){
        return false;                     //密码格式不符合要求
```

```
37.        }
38.        return true;
39.    }
40.    //验证 Email
41.    function checkEmail($email){
42.        if(!preg_match('/^[A-Za-z0-9]+@([A-Za-z0-9]+\.)+[A-Za-z]{2,4}$/',$email)){
43.            return false;          //Email 格式不符合要求
44.        }
45.        return true;
46.    }
47.    //必填,是否为空
48.    function isEmpty($str){
49.        if($str==null || trim($str)==""){
50.            return true;
51.        }
52.        return false;
53.    }
```

(2) 前端与后端处理。

设计用户注册的界面,编写前端验证及后端验证代码。其中,后端验证代码将调用 common/checkForm.php 中统一过滤和验证函数,如下所示:

```
1.  <?php include 'common/checkForm.php';          //引入统一过滤和验证函数
2.      $msg="";
3.      $fields=[ ];
4.      if(!empty($_POST)){
5.          //表单有提交时,对表单中的每个数据逐一过滤处理
6.          foreach(['name','cardId','email','phone','salary'] as $fieldName){
7.              $fields[$fieldName]=isset($_POST[$fieldName])
8.                                  ?filterFormData($_POST[$fieldName]):'';
9.          }
10.         //验证有效性
11.         $errors=[ ];
12.         if(isEmpty($fields['name'])){          //  null 或""
13.             $errors['姓名']='必填';
14.         }else if(strlen($fields['name'])<2){
15.             $errors['姓名']='至少 2 个字符';
16.         }
17.         if(!checkCardId($fields['cardId'])){
18.             $errors['身份证']='必须为 18 位有效';
19.         }
20.         if(!checkEmail($fields['email'])){
21.             $errors['Email']='有效形式为 emp@abc.cc';
22.         }
23.         if(!checkPhone($fields['phone'])){
24.             $errors['手机号']='有效 11 位';
25.         }
26.         if($fields['salary']=="" || $fields['salary']<0 || $fields['salary']>0){
27.             $errors['期望月薪']='在 0~50000 之内';
```

```
28.            }
29.            if(empty($errors) || count($errors)==0) {
30.                //插入操作
31.                $msg="注册成功!";
32.            }else{
33.                $msg="错误:<br>";
34.                foreach($errors as $key=>$error){
35.                    $msg .= $key.':'. $error.'<br>';
36.                }
37.            }
38.        }
39.    ?>
40.    <?= '<font color="red">'. $msg .'</font>'?>
41.    <form action="<?=htmlspecialchars($_SERVER["PHP_SELF"])?>" method="post">
42.        <!--前端主要通过 type 属性和 pattern 中正则表达式来验证用户输入 -->
43.        注册信息<br>
44.        姓名<input type="text" name="name" required placeholder='姓名至少2个字符'
45.        pattern="^[\u4e00-\u9fa5]{2,}$|^[\dA-Za-z_]{2,}$"/><br>
46.        身份证号<input type="text" name="cardId" placeholder='18位有效身份证号'
47.        pattern='^[1-9]\d{5}[1-9]\d{3}((0[1-9])|(1[0-2]))((0[1-9])|([1-2]\d)|(3[0-1]))((\d{4})|
48.    (\d{3}[Xx]))$'/><br>
49.        Email<input type="email" name="email" placeholder='有效Email:emp@abc.cc'/><br>
50.        手机号<input type='tel' name="phone" placeholder='11位有效手机号'
51.        pattern='^1[3-9]\d{9}$'><br>
52.        期望月薪(0~50000)<input type="number" name="salary" min="0" max="50000" /><br>
53.        <button type="submit">提交</button>
54.    </form>
```

第 4~37 行，为后端验证。在提交了注册表单后，先对表单数据逐一过滤处理，然后验证每一个表单数据的有效性，当数据无效时，加入相应的错误信息。所有的错误信息最后被汇总起来，在第 40 行上进行显示。

第 41~53 行，是用户注册的表单界面，主要用 type 属性和 pattern 属性对输入进行前端验证。第 44~48 行，对输入姓名进行验证，required 属性起必填作用，pattern 限定了姓名输入至少需要 2 个字符；第 46~48 行用 pattern 对身份证进行验证；第 49 行用 pattern 对 Email 进行验证；第 50、51 行用 pattern 对手机号进行验证；第 52、53 行用 type="number"、min="0" 和 max="50000" 三个属性值对期望月薪进行验证。

测试验证过程如下：

在浏览器中打开页面，输入各个非法数据，单击"提交"按钮，前端验证会起效，显示警告信息，并阻止数据向后端提交，如图 7.22 所示。

在浏览器中再次打开页面，修改各元素的

图 7.22 前端验证会起效，显示警告信息并阻止提交

源代码，将 pattern 去除、type 值改为 text，或者去除 min 和 max 属性等，令前端验证全部失效。然后输入各个非法数据，如图 7.23 所示。

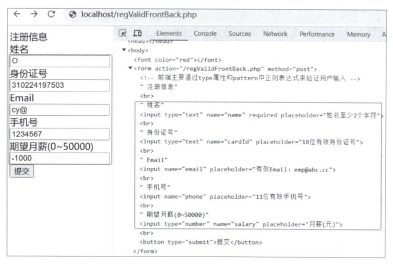

图 7.23　提交非法数据

单击"提交"按钮后，虽然前端验证代码全都被"恶意删除"了，但后端的验证代码依然有效，因此后端会抛出错误信息，如图 7.24 所示。

图 7.24　后端的验证起效，抛出错误信息

7.2　验证码

网站为了防止用户利用软件自动注册、登录，会采用验证码技术。通常所见的验证码是将一串随机产生的数字或符号生成一幅图片，图片里加上一些干扰像素（防止使用光学字符识别技术破解出字符），由用户肉眼识别其中的验证码信息，输入表单提交网站验证，验证成功后，才能使用网站其他主体功能。

7.2.1 绘制验证码

为了生成验证码图片,需要在 PHP 中使用图形处理技术。PHP 中自带了处理图形的扩展库"GD",只要在 php.ini 文件中通过配置 extension=PHP_gd2.dll,PHP 就可以处理图形了。在 PhPStudy 2023 环境中,使用的是 7.3.4 版本的 PHP,其 php.ini 文件中默认就是打开这一 GD 扩展配置的。

接下来就可用 GD 库 API 绘制验证码了,示例如下。

【示例 7.15】生成验证码和绘制验证码图片。

```
1.  <?php
2.  $img_w=70;                              //验证码图片的宽度
3.  $img_h=22;                              //验证码图片的高度
4.  $chars_len=4;                           //验证码的长度(4个字符组成)
5.  $font=5;                                //验证码字体的大小
6.  $chars=range(0, 9);                     //验证码字符数组,应去除容易混淆的字符 ['0', '1',…, '9']
7.  //随机获取$chars中字符,形成验证码字符串
8.  $code = '';
9.  for ($i=0; $i <$chars_len ; $i++) {
10.     $code .= $chars[ mt_rand(0,count($chars)-1)];
11. }
12. //将码值写入画布中并展示
13. //1 生成图片
14. $img= imagecreatetruecolor($img_w, $img_h);            //创建图片,大小为$img_w * $img_h
15. $bg_color= imagecolorallocate($img, 0xcc, 0xcc, 0xcc); //RGB 背景色
16. imageFill($img, 0, 0, $bg_color);                      //背景色填充到图片上
17. for($i=0; $i<99; $i++) {                               // 99 个干扰像素点
18.     $color = imagecolorallocate($img, mt_rand(0, 255), mt_rand(0, 255),mt_rand(0, 255));
19.     imagesetpixel($img, mt_rand(0, $img_w), mt_rand(0, $img_h), $color);
20. }
21. //2 将验证码字符串写到图片上
22. $str_color= imagecolorallocate($img, mt_rand(0,99), mt_rand(0,99),mt_rand(0,99));   //随机颜色
23. //设定字符串位置
24. $font_w = imagefontwidth($font);        //字体宽
25. $font_h = imagefontheight($font);       //字体高
26. $str_w = $font_w * $chars_len;          //字符串宽
27. imagestring($img, $font, ($img_w-$str_w)/2, ($img_h-$font_h)/2, $code, $str_color);
28. //3 输出图片数据
29. header('Content-Type: image/png');
30. imagepng($img);
31. //4 销毁图片
32. imagedestroy($img);
33. ?>
```

第 1~4 行,设置验证码图片的四个参数:宽度、高度、长度、验证码字符的字体大小。

第 5 行,$chars 为验证码字符数组,内部元素应去除容易混淆字符。这里是 0~9 数字字符作为验证码的字符。

第 7~32 行,用于随机获取$chars 中的字符,形成验证码字符串,对于绘制有背景色和

干扰像素点的图片,将验证码字符串写到图片上,最后销毁图片。其中,第 9~11 行,从 $chars 中随机抽取元素,拼接生成验证码字符串;第 14~20 行,生成图片、为图片加上背景色、在图片上加上 99 个干扰像素点;第 22~27 行,获取随机的字体颜色、计算出验证码字符串在图片中绘制的位置,最后将验证码字符串准确绘制到图片上;第 29、30 行,向浏览器输出验证码图片数据;第 32 行,销毁图片,即释放掉 $img 变量做引用的相关内存资源。

可使用 img 标签访问验证码图片,代码如下:

```
<img src='captcha.php'/>
```

通过浏览器访问验证码,效果如图 7.25 所示。

图 7.25　访问并显示验证码

7.2.2　验证码的使用

编写验证码使用页面功能:用户观察验证码图片,将验证码填写到输入框中并提交,若输入值与后端 Session 中事先存放的验证码值相同,则验证通过(准许后续操作),否则返回验证码所在页面,刷新验证码,提示验证码输入有误,用户则可继续输入做验证操作。示例代码如下。

【示例 7.16】页面中验证码的使用。

首先,修改生成验证码的文件 captcha.php 中的代码。在第 9~11 行生成验证码字符串后,可在第 12 行插入,启动 Session,并将该验证码字符串存入 Session 中。代码如下:

```
1.  session_start();                              //启动 Session,否则 Session 操作失效
2.  $_SESSION['verify_code'] = $code;              //验证码字符串存入 Session 中
```

然后,编写验证码的使用页面,代码如下:

```
1.  <script src="js/jquery-3.7.1.min.js"></script>
2.  <script>
3.      $(function(){
4.          $("#aFresh").click(()=>{
5.              $("#imgCode").attr('src',"captcha.php?"+new Date());
6.          });
7.      });
8.  </script>
9.  <?php
10.     if(!empty($_POST)){ //验证码提交了
11.         $code=isset($_POST['verify_code'])?$_POST['verify_code']:'';
12.         session_start();
13.         if($code==$_SESSION['verify_code']){
```

```
14.              echo '验证通过,可执行后续工作';
15.          }else{
16.              echo '验证码输入错误,请继续验证';
17.          }
18.      }
19.  ?>
20.  <form method="post">
21.      验证码<input type="text" name="verify_code" required><br>
22.      <img id="imgCode" src="captcha.php">
23.      <a id="aFresh" href="javascript:void(0)">看不清,单击刷新</a><br>
24.      <button type="submit">验证</button>
25.  </form>
```

第3~7行,用JQuery代码处理:当单击"刷新验证码"链接时,刷新验证码图案。

第10~18行,当提交了验证码时,判断输入的验证码与Session中预留的验证码是否一致,若一致,则验证通过,提示"验证通过,可执行后续工作",否则,提示"验证码输入错误,请继续验证"。

第21行,验证码输入框。

第22、23行,分别是验证码图片标签和刷新验证码用的链接标签。

使用浏览器访问验证码使用页面,单击"刷新验证码"链接,验证码图片会变化。当输入错误的验证码时,单击"验证"按钮后,会提示信息"验证码输入错误,请继续验证",如图7.26所示。

当输入正确的验证码,单击"验证"按钮后,会提示信息"验证通过,可执行后续工作",如图7.27所示。

图7.26 输入错误的验证码,得到相应错误信息　　图7.27 输入正确的验证码,得到相应正确信息

7.3 密码加密

加密可保证数据的安全性。网站应用中,通常需要对用户表中的密码进行加密保存。在登录时,需用相同的加密算法对输入的密码进行加密,然后与用户表中的已加密密码进行比较,确认是否一致。

7.3.1 PHP内置加密算法

在PHP中,内置了多种加密算法,目前最常用的加密算法有MD5、SHA256、Bcrypt、

Argon2 等。其中，MD5 和 SHA256 使用散列算法，Bcrypt、Argon2 使用哈希算法。散列算法和哈希算法都是不可逆的，即理论上无法解密出加密前的明文。

1. MD5 加密算法

MD5 是一种广泛应用的密码加密算法，可以产生 128 位的散列值。在 PHP 中，可以通过使用 md5( ) 函数进行 MD5 加密操作。示例代码如下：

```
1.    $password = md5('123abc');
2.    echo $password;
```

输出结果为：

a906449d5769fa7361d7ecc6aa3f6d28

2. SHA256 加密算法

SHA256 也是一种常用的密码加密算法，和 MD5 类似，但产生的是 256 位的散列值。在 PHP 中，可以通过使用 hash( ) 函数指定"sha256"参数，进行 SHA256 加密操作。示例代码如下：

```
1.    $password = hash('sha256', '123abc');
2.    echo $password;
```

输出结果为：

dd130a849d7b29e5541b05d2f7f86a4acd4f1ec598c1c9438783f56bc4f0ff80

3. Bcrypt 加密算法

Bcrypt 是一种密码哈希算法。在 PHP 中，可以通过使用 password_hash( ) 函数指定 Bcrypt 类型参数，进行加密操作。示例代码如下：

```
1.    $password = password_hash('123abc', PASSWORD_BCRYPT);
2.    echo $password;
```

输出结果为：

$2y$10$qbbG5HAh69.5uAQfwYwnuecD7ubiKRAbzUnMOZPmmUzCVoj5exz1C

4. Argon2 加密算法

Argon2 也是一种密码哈希算法，Argon2 算法可以提供更高的安全性，因此可以在需要更高安全性的场合下使用。在 PHP 中，通过使用 password_hash( ) 函数指定 Argon2 类型参数，进行加密操作。示例代码如下：

```
1.    $password = password_hash('123abc', PASSWORD_ARGON2I);
2.    echo $password;
```

输出结果为：

$argon2i$v=19$m=1024,t=2,p=2$S2piSC4zTnZEZUk1SC9XWQ$SyOxIsTomiL4vBhwcAcHYuDsLAXRz-VFS5S1wRL9jUPs

7.3.2 对密码加密

以上四种方法都可以有效地实现密码加密，提高用户账户的安全性，通常挑选一个使用就可以。具体的密码加密使用示例如下。

【示例7.17】对密码加密。

（1）首先需要在数据库中创建账号表t_account，对应的SQL语句如下：

```
create table t_account(
 id int auto_increment primary key,
 name varchar(200) not null,
 pwd varchar(200)
)
```

（2）创建注册账号文件（如register.php），代码如下所示：

```
1.   <?php include 'dbTool.php';
2.   if(!empty($_POST)){                                    //有提交,加密密码后,插入 t_account 表中
3.       $name=$_POST['name'];
4.       $pwdEncript=md5($_POST['pwd']);
5.       $cnt=execSQL("insert into t_account(name,pwd) values(?,?)",[$name,$pwdEncript]);   //先建表
6.       echo $cnt>0?'注册成功':'注册失败';
7.   }
8.   ?>
9.   <form method="post">
10.      注册(密码加密)<br>
11.      账号<input type="text" name="name" required><br>
12.      密码<input type="password" name="pwd" required><br>
13.      <button type="submit">注册</button>
14.  </form>
```

第2~7行，当注册信息被提交后，执行SQL语句插入数据到账号表t_account中。注意，第4行，在插入数据表前，用md5()函数对原来的密码内容进行了MD5加密。

用浏览器打开页面，输入账号ada、密码123，单击"注册"按钮，如图7.28所示。在返回的页面中，有"注册成功"消息，如图7.29所示。

图7.28 输入正确的账号和密码

图7.29 返回"注册成功"消息

账号表 t_account 中可观察到新增账号 ada 的密码 202cb962ac59075b964b07152d234b70，显然密码已被加密，如图 7.30 所示。

图 7.30 新增账号已被加密的密码

但是密码并不是安全的，利用"彩虹表"（预先计算密码哈希和其对应明文，形成巨大数据表的技术）就可破解，例如在一些网站（如 https://www.cmd5.com）就提供了反向查询功能，如图 7.31 所示，输入账号表 t_account 中的加密密码，单击"查询"按钮后，立即出现了注册时的密码明文"123"。

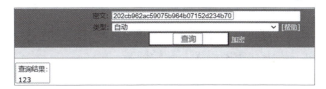

图 7.31 反向查询获得密码明文

对此，只进行一次 MD5 加密显然是不安全的，通常可以用其他算法再次加密，或者在密码上加盐（Salt，在每个密码之前或之后添加的单词）。这里可使用加盐方式将示例中的第 4 行代码改造，在原来密码明文前拼接用户名和一些特殊符号，代码如下所示：

$pwdEncript=md5($name.'/@~@/?'.$_POST['pwd']);

进一步，可写成通用函数 encriptPwd($name,$pwd)，以后加密时统一调用该函数就可以了。函数代码如下所示：

1. function encriptPwd($name,$pwd){
2. 　return md5($name.'/@~@/?'.$pwd);;
3. }
4. //$pwdEncript=encriptPwd($name, $_POST['pwd']);

注意，既然加密"算法"变化了，登录时，同样应事先调用相同函数对密码进行预处理，再与数据表中的加密密码做一致性判断。

在浏览器中再次进行测试：访问注册页面，输入账号"bob"，密码"123"，单击"注册"按钮，t_account 表中将出现新增记录，如图 7.32 所示。若将表中新增的加密密码用彩虹表进行反向查询，出现"未查到"结果，如图 7.33 所示，这说明加盐方式大大增加了"破解"难度。

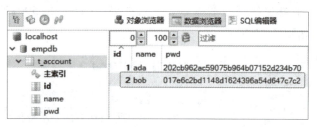

图 7.32 使用加盐加密处理后的账号密码

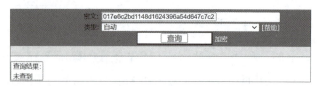

图 7.33 反向查询无法再获得密码明文

7.3.3 密码加密后的登录

登录时，需保证使用相同的加密算法。即，调用自定义的函数 encriptPwd($name,$pwd) 对密码进行预处理，再与表中加密密码做一致性判断。

【示例 7.18】密码加密账号的登录。

```
1.   <?php   include 'dbTool.php';
2.   function encriptPwd($name,$pwd){            //可统一处理为项目的公用函数
3.       return md5($name.'/@~@/?'. $pwd);;
4.   }
5.   if(!empty($_POST)){                          //有提交,加密密码后,插入 t_account 表中
6.       $name=$_POST['name'];
7.       $pwdEnc=encriptPwd($name, $_POST['pwd']);
8.       $id=queryScalar("select id from t_account where name=? and pwd=?",[ $name,$pwdEnc]);
9.       echo $id>0?'登录成功':'登录失败';
10.  }
11.  ?>
12.  <form method="post">
13.      登录(密码加密)<br>
14.      账号<input type="text" name="name" required><br>
15.      密码<input type="password" name="pwd" required><br>
16.      <button type="submit">登录</button>
17.  </form>
```

第 2~4 行，是统一的密码加密函数。与注册时为同一个函数，可统一处理为项目的公用函数。

第 5~10 行，当登录信息被提交后，执行 SQL 语句来查询账号表 t_account 中是否存在该账号。注意，第 7 行，在查询数据表前，调用 encriptPwd($name,$pwd)函数对原来的密码内容进行加密。

使用浏览器打开页面，输入正确的账号和密码（如 bob 和 123），单击"登录"按钮。

在返回页面中，有"登录成功"消息，如图 7.34 所示。

图 7.34　密码加密后的成功登录

当然，如果输入错误的账号和密码，则会报错"登录失败"。

思考与练习

1. 实现注册功能。

为安全起见，需要前后端都进行验证。具体要求如下：

（1）设计注册界面文件 register.php。

① 注册界面中有用户名输入框、性别单选框、生日输入框、手机号输入框、密码输入框、二次密码输入框，以及一个提交注册信息的按钮。

② 对注册界面中的各项输入数据设计相应的前端验证。

③ 将注册表单数据提交给 register.php（本文件）来处理，提交方式为 post。

（2）register.php 中增加后端注册处理功能。

① 对提交的各项数据设计出相应的后端验证。

② 在后端验证通过的情况下，将提交数据插入 t_user 表中。

注意，t_user 表按需自行创建，密码是需要加密保存的。

2. 实现登录功能。

登录时，对密码进行预加密，需保证与注册用户时加密算法一致。参考思路如下：

（1）登录界面中，设计有验证码输入框、用户名输入框、密码输入框，以及一个提交登录信息按钮。

（2）单击"登录"按钮后的实现逻辑为：

① 先实现验证码校验功能：输入值与后端 Session 中事先存放的验证码值相同时，验证通过，否则刷新验证码，提示验证码输入有误，用户则可继续输入做验证操作。

② 验证码校验通过后，判断相应的用户名和密码是否在 t_user 表中存在，若存在，则登录成功，可用 header() 函数跳转至欢迎页面（可自行创建）；否则，显示出错信息，引导用户继续登录。

第 8 章

用户管理实践

本章要点

1. 注册，涉及前后端验证、文件上传、富文本处理、密码加密、数据库交互等技术。
2. 登录，涉及密码加密、验证码、Session、数据库交互等技术。
3. 退出，涉及 Session、数据库交互等技术。
4. 修改用户密码，涉及前后端验证、数据库交互等技术。
5. 更改用户头像，涉及文件上传、Session、数据库交互等技术。

学习目标

1. 能灵活使用前后端验证技术，对用户管理中提交的数据进行有效性验证。
2. 能将密码加密、验证码等技术应用到注册、登录等场景中。
3. 能将 Session 技术应用到登录、退出等场景中。
4. 熟练掌握数据库交互技术，进行用户管理各项功能操作。
5. 熟练掌握文件上传、富文本数据的处理。

8.1 注册功能

用户管理操作是网站不可或缺的组成部分，主要包括注册、登录、退出、修改密码、更换头像等功能。

注册功能允许新用户创建账号并访问网站的特定内容或功能。此外，通过注册功能，网站可以收集用户信息，使网站拥有更好的用户管理和个性化服务能力。

注册界面中，通常可包含用户姓名、头像、性别、生日、电话、Email、QQ、地址、自我介绍、密码等信息。通过提交，将信息交由后端处理，并插入相应的用户表中。整个注册过程，一般会运用到前后端验证、文件上传及图片预览、富文本处理、数据加密等技术点。

【示例 8.1】用户注册。

（1）创建数据表。

为保存注册用户信息，需要创建相应的用户表 user。SQL 代码如下所示：

```
create table user(
 id int auto_increment primary key,
 name varchar(200) not null unique,
 pwd varchar(200) not null,
 birth datetime,
 tel varchar(200),
 qq varchar(200),
 photo_url varchar(500),
 self_intro text
)
```

注意，为保证用户名不重复，在 name 字段上加上了 unique 约束；密码（此处为 pwd 字段）存放的是加密结果，长度应该足够大；富文本内容（此处字段为 self_intro）应该用 text 类型保存。

（2）实现注册的前端功能。

创建注册的前端文件（如 register.php），注册内容包括用户名、生日、手机号、QQ 号、两次密码、证件照（文件上传）、自我介绍（富文本框）。注意，使用 type、pattern 和 required 属性，以及 JQuery 代码实现验证。整体代码如下所示：

```
1.   <script src="js/jquery-3.7.1.min.js"></script>
2.   <script charset="utf-8" src="kindeditor-master/kindeditor-all-min.js"></script>
3.   <script charset="utf-8" src="kindeditor-master/lang/zh-CN.js"></script>
4.   <script>
5.   KindEditor.ready(function(K) {
6.       window.editor = K.create('#self_intro',{width:'70%',height:'120'});
7.   });
8.   $(function(){
9.       $('#pwd2').on('change', function(){
10.          if($('#pwd').val()! =$('#pwd2').val()){
11.              $('#pwd2').get(0).setCustomValidity('两次密码必须一致')
12.          }else{
13.              $('#pwd2').get(0).setCustomValidity('')
14.          }
15.      });
16.  });
17.  function preview(photo){                    //预览照片
18.      $('#photoImg').attr("src", window.URL.createObjectURL(photo.files[0]))
19.  };
20.  </script>
21.  用户注册:<br>
22.  <!-- 占位 2 行:后端验证、注册功能;$msg 变量显示验证错误或注册成功与否信息 -->
23.  <?php                              //include 'doRegister.php'?>
24.  <?php                              //echo '<font color="red">'.$msg.'</font>'?>
25.  <form action="doRegister.php" enctype="multipart/form-data" method="post">
```

```
26.    用户名<input type="text" title="至少 2 个字符" required="required" name='name'
27.     pattern="^([\u4e00-\u9fa5]|[\dA-Za-z_]){2,20}$">
28.    生日<input type="date" id='birth'name="birth"><br>
29.    手机号<input type="text" title="11 位手机号" id='phone'name='phone'
30.     pattern="^1[3-9]\d{9}$" >
31.    QQ 号<input type="text" title="5~15 位正确的 QQ 号" id='qq'name='qq'
32.     pattern="[1-9][0-9]{4,14}"><br>
33.    密码<input type="password" required id="pwd" name="pwd"
34.    title="必填。长度在 8~15 之间,只能包含字母、数字和下划线"
35.    pattern="^\w{8,15}$">
36.    确认密码<input type="password" required id="pwd2" name="pwd2"
37.    pattern="^\w{8,15}$"><br>
38.    证件照<br>
39.     <img id="photoImg" src="img/addPhoto.png" height="100" width="100"><br>
40.     <input id="photo" name="photo" type="file" onchange="preview(this)"><br>
41.    自我简介:<br>
42.    <textarea id="self_intro" name="self_intro"> <!--富文本框--></textarea>
43.    <button id='btnSubmit'type="submit">提交</button>
44.    </form>
```

第 1~3 行,分别引入 JQuery 和 KindEditor。

第 5~7 行,初始化富文本框对象。对应地,在第 42 行,通过 id 值绑定了富文本框对象,即 id 值为 self_intro 的文本输入框将"变身"为富文本框。

第 9~15 行,判断两次密码输入不一致时,显示自定义提示"两次密码必须一致"。这是除 type 和 pattern 属性验证外,自定义验证的一种方式。

第 17~19 行,预览照片功能。对应地,在第 39 行和第 40 行有图片和文件上传标签。

第 23、24 行,注释两行代码,待完成后端代码后去除注释。第 23 行,引入后端验证和插入功能的文件。第 24 行,用$msg 变量显示验证错误内容或注册成功与否信息。

第 25~44 行,设计注册表单。包含用户名、生日、手机号、QQ 号、两次密码、证件照(文件上传)、自我介绍(富文本框)等表单元素,另外,用 type、pattern、required 属性对前端输入内容进行有效性验证。注意,第 25 行可指定 action="doRegister.php",当前端验证都通过时,执行后端验证和注册功能。

(3)实现注册的后端功能。

后端功能可写入 doRegister.php 文件中,实现对前端提交各项数据的再次验证,在验证有效的前提下,将用户信息插入 user 表。功能代码如下:

```
1.   <?php include 'dbTool.php';
2.       include 'common/checkForm.php';
3.       $msg="";
4.       $fields=[];
5.       if(!empty($_POST)){                //表单有提交
6.       //对表单中的每个数据逐一过滤处理(二进制无须过滤),可写成方法 filter($filedAry)
```

```php
7.      foreach(['name','birth','phone','qq','pwd','self_intro'] as $fieldName){
8.          $fields[$fieldName]=isset($_POST[$fieldName])
9.                              ?filterFormData($_POST[$fieldName]):'';
10.     }
11.     //验证有效性
12.     $errors=[];
13.     if(isEmpty($fields['name'])){// null 或""
14.         $errors['用户名']='必填';
15.     }else if(strlen($fields['name'])<2){
16.         $errors['用户名']='至少 2 个字符';
17.     }
18.     if(isEmpty($fields['birth'])){
19.         $fields['birth']=null;
20.     }else if(!preg_match('/^\d{4}-\d{2}-\d{2}$/',$fields['birth']))   //可为 checkForm.php 中的函数
21.         $errors['生日']='有效格式为 YYYY-MM-dd';
22.     }
23.     if(isEmpty($fields['phone'])){
24.         $fields['phone']=null;
25.     }else if(!checkPhone($fields['phone'])){
26.         $errors['手机号']='有效 11 位';
27.     }
28.     if(isEmpty($fields['qq'])){
29.         $fields['qq']=null;
30.     }else if(!checkQQ($fields['qq'])){
31.         $errors['QQ']='QQ 号（5~20 位）';
32.     }
33.     if(isEmpty($fields['pwd'])){
34.         $errors['密码']='必填';
35.     }else if(!preg_match('/^\w{8,15}$/',$fields['pwd'])){    //checkForm.php 中的函数不符合要求
36.         $errors['密码']='长度在 8~15 之间,只能包含字母、数字和下划线';
37.     }else{      //encriptPwd 函数位于 checkForm. php 中
38.         $fields['pwd']=encriptPwd($fields['name'],$fields['pwd']);              //密码加密
39.     }
40.     if(empty($errors) || count($errors)==0) {               //验证无错,则上传图片及插入表
41.         //保存上传照片(photo)文件
42.         $eimg_url=null;
43.         if ($_FILES["photo"]["error"] == 0) {           //上传无错
44.             $ext= pathinfo($_FILES["photo"]["name"], PATHINFO_EXTENSION);   //取文件后缀
45.             $eimg_url='upload/'. time().'.'. $ext;           //先建立可写入权限的 upload 目录
46.             $moved=move_uploaded_file($_FILES["photo"]["tmp_name"],$eimg_url);  //保存文件
47.         }
48.         //插入表操作
49.         $cnt=execSQL('insert into user(name,pwd,birth,tel,qq,photo_url,self_intro) values(?,?,?,?,?,?,?)',
50.             [$fields['name'],$fields['pwd'],$fields['birth'],$fields['phone'],
```

```
51.             $fields['qq'],$eimg_url,$fields['self_intro'] ]);
52.         $msg=$cnt>0?"注册成功!":"注册失败!";
53.     }else{
54.         $msg="错误:<br>";
55.         foreach($errors as $key=>$error){
56.             $msg .= $key.':'. $error.'<br>';
57.         }
58.     }
59. }
60. ?>
```

第1、2行,分别导入数据库通用操作文件和表单验证文件。

第12~39行,分别验证用户名、生日、手机号、QQ号、密码等注册内容是否有效,若无效,将相关验证错误信息写入数组变量$errors 中。

第40行,判断验证是否通过。若通过,则执行第41~52行代码,做保存上传照片文件和注册信息插入 user 表操作,并将注册成功与否信息写入$msg 变量;若不通过,则将所有验证错误信息从数组变量$errors 写入$msg 变量中。

注意,测试前,需将前端文件(register.php)中第23~24行代码前的注释符号去除。此外,为了保证用户名的唯一性,除了在 user 表的 name 字段上加上 unique 约束外,最好能在插入用户数据前先进行用户名是否存在的判断。

(4)测试注册功能。

使用浏览器打开页面,输入各项注册信息,单击"提交"按钮,若有非法数据,则前端验证阻止提交并显示相应警告信息,如图8.1所示。

图8.1 前端验证阻止非法数据提交并显示相应警告信息

修正所有错误的输入信息，再单击"提交"按钮，前端验证不再阻止，如图 8.2 所示。

图 8.2　修正所有输入信息，前端验证不再阻止

数据将提交给后端（如 doRegister.php）进行再次验证，在验证通过的前提下，注册数据会插入 user 表，并返回"注册成功！"信息，如图 8.3 所示。

图 8.3　用户数据注册成功

在 user 表中也确实增加了一条用户数据，如图 8.4 所示。

图 8.4 user 表中增加了一条用户数据

通过在浏览器中修改标签代码，令前端验证失效后（如将手机号的 pattern 属性删除），再单击"提交"按钮，如图 8.5 所示。

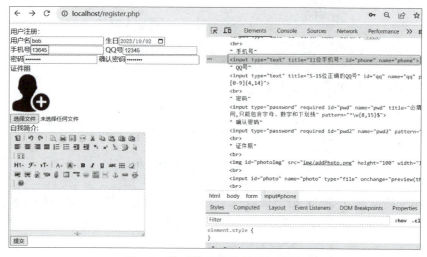

图 8.5 修改代码令前端验证失效

因为后端也有验证，非法数据依然会被检测出来，如图 8.6 所示。

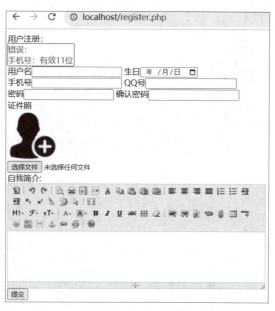

图 8.6 后端验证起效，抛出错误信息

8.2 登录功能

登录功能允许已注册的用户使用其用户名和密码等凭证登录到网站。登录过程通常会有验证码环节，登录时，还需注意：密码加密后，方能与表中密码数据做一致性判断。登录具体分析和实现示例如下。

【示例 8.2】用户登录。

（1）先设计一个欢迎页面。

若已登录，则显示登录用户的姓名和照片；若未登录，则重定向到登录页（login.php）。欢迎页面（如 welcome.php）的代码如下所示：

```
1.  <?php session_start();
2.      if($_SESSION['user']==null){       //未登录,重定向到登录页
3.          header("Location: login.php");
4.          return;
5.      }
6.  ?>
7.  >>欢迎<?=$_SESSION['user']->name?><br>
8.  <img src="<?=$_SESSION['user']->photo_url?>" width="100px" height="100px">
```

第 2~5 行，通过 $_SESSION['user']==null 代码判断来访用户是否登录，若未登录，则用 header() 函数重定向到登录页。注意，第 1 行 session_start() 必须加上，即使用 Session 前必须启动 Session 功能。此外，建议将原本分散在第 2~5 行的代码逻辑整合至一个单独的文件中，随后在需要引用这些代码的页面文件中，通过 include 或 require 语句来包含该文件。

第 7、8 行，显示登录用户的姓名和照片。

使用浏览器访问欢迎页 welcome.php，因为没有登录过，所以浏览器会重定向到登录页 login.php，如图 8.7 所示。

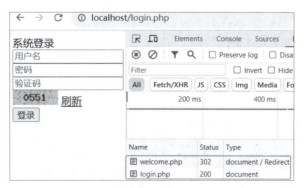

图 8.7 用户未登录，被重定向到登录页

对于登录后的欢迎页面显示场景，待后续完成登录页后再展现。

（2）登录页实现。

进入登录页时，会显示验证码图片，用户输入用户名、密码和验证码后，单击"登录"

按钮进行登录。后端会对验证码先行判断是否正确,再比照 user 表中的数据进行用户名和密码是否正确的判断。当两者都正确时,则重定向到欢迎页(如 welcome.php),否则返回登录页并显示相应的出错信息。

可创建登录页文件(如 login.php),代码如下所示:

```
1.  <script src="js/jquery-3.7.1.min.js"></script>
2.  <script>
3.   $(function(){
4.      $("#aFresh").click(()=>{
5.         $("#imgCode").attr('src',"captcha.php?"+new Date());
6.      });
7.   });
8.  </script>
9.  <?php include('dbTool.php'); include('common/checkForm.php');
10.   $msg="";
11.   if(!empty($_POST)){                          //登录提交了
12.      $code=isset($_POST['verify_code'])?$_POST['verify_code']:'';
13.      session_start();
14.      if($code==$_SESSION['verify_code']){     //验证码通过,可执行后续操作
15.         foreach(['name','pwd'] as $fieldName){  //对表单中的数据逐一过滤
16.            $fields[$fieldName]=isset($_POST[$fieldName])
17.                      ?filterFormData($_POST[$fieldName]):'';
18.         }
19.         $pwdEnc=encriptPwd($_POST['name'],$_POST['pwd']);   //与注册中的加密函数相同
20.         $user=queryObject("select * from user where name=? and pwd=?",
21.                [$_POST['name'],$pwdEnc]);
22.         if($user){
23.            $_SESSION['user']=$user;
24.            header("Location: welcome.php");    //先创建
25.            return;
26.         }else{
27.            $msg='用户名或密码错';
28.         }
29.      }else{
30.         $msg='验证码输入错误';
31.      }
32.   }
33.  ?>
34.  系统登录<br>
35.  <?='<font color="red">'.$msg.'</font>'?>
36.  <form method="post">
37.  <input type="text" name="name" placeholder="用户名" required><br>
38.  <input type="password" name="pwd" placeholder="密码" required><br>
39.  <input type="text" name="verify_code" required placeholder="验证码"><br>
40.  <img id="imgCode" src="captcha.php">
41.  <a id="aFresh" href="javascript:void(0)">刷新</a><br>
42.  <button type="submit">登录</button>
43.  </form>
```

第 4~6 行,单击"刷新"链接后,刷新验证码图片。

第 9 行，导入了两个文件，便于操作数据库和进行表单验证。

第 14~31 行，判断验证码是否有效，无效则执行第 30 行，设置错误信息 "验证码输入错误" 到 $msg 变量中；验证码有效时，对表单数据进行逐一过滤，对密码进行加密，并执行查询语句返回登录用户对象 $user。用户对象存在时，则执行第 23 ~ 25 行，将其放入 Session 中，并转到欢迎页 welcome.php 显示；用户对象不存在时，则执行第 27 行，设置错误信息 "用户名或密码错" 到 $msg 变量中。

第 35 行，显示后端执行过程中产生的错误信息。

第 36~43 行，设计登录表单，显示用户名输入框、密码输入框、验证码输入框、"刷新" 链接、"登录" 按钮等表单操作元素。

（3）测试登录。

使用浏览器访问登录页，输入用户名、密码，并故意输入错误的验证码，单击 "登录" 按钮，会返回 "验证码输入错误" 信息，如图 8.8 所示。

接着，输入正确的验证码，同时输入不存在的用户名或错误的密码，单击 "登录" 按钮，如图 8.9 所示。

图 8.8　验证码输入错误后的页面效果

图 8.9　输入错误的用户名或密码

返回页面中，将出现 "用户名或密码错" 信息，如图 8.10 所示。

最后输入正确的用户名、密码和验证码，单击 "登录" 按钮，如图 8.11 所示。

图 8.10　输入错误的用户名或密码后返回的页面效果

图 8.11　输入正确的用户名、密码和验证码

登录成功，将重定向到欢迎页面，并在页面上显示登录用的姓名和照片，如图 8.12 所示。

图 8.12 输入正确的登录信息后重定向至欢迎页

8.3 退出功能

退出功能使用户能够安全地注销或退出网站，避免他人利用用户账号进行未经授权的访问或活动。

【示例 8.3】用户退出。

(1) 修改欢迎页面（welcome.php），加上"退出"链接。单击"退出"按钮后调用退出文件（如 logout.php）。代码如下所示：

```
1.  <?php session_start();
2.      if($_SESSION['user']==null){  //未登录,重定向到登录页(可统一 include 或 require 处理)
3.          header("Location: login.php");
4.          return;
5.      }
6.  ?>
7.  >>欢迎<?=$_SESSION['user']->name?>
8.  <a href='logout.php'>退出</a><br>
9.  <img src="<?=$_SESSION['user']->photo_url?>" width="100px" height="100px">
```

第 8 行，是增加的"退出"链接。单击"退出"链接后，调用退出文件。

(2) 编写退出文件（如 logout.php），其功能为：删除 Session 值，并重定向到登录页（login.php）。代码如下所示：

```
1.  <?php
2.      session_start();              //启动 Session
3.      $_SESSION=[ ];                //清空 Session 值
4.      session_destroy();            //销毁 Session
5.      header('location:login.php');
6.  ?>
```

第 2~4 行，启动 Session 后，分别做清空 Session 值和销毁 Session 操作。

第 5 行，用 header( )函数重定向到登录页 login.php。

使用浏览器测试：访问欢迎页（welcome.php）后，单击"退出"链接，如图 8.13 所示。后端处理退出后，浏览器将重定向到登录页（login.php），如图 8.14 所示。

图 8.13　单击欢迎页上"退出"链接

图 8.14　重定向到登录页

8.4　修改密码

应用中，通常允许用户更改其登录密码，以增加账号的安全性。

【示例 8.4】用户修改密码。

在欢迎页（如 welcome.php）上增加修改密码链接，以便跳转至修改密码页（如 chgPwd.php）。代码如下所示：

```
1.  <?php session_start();
2.      if($_SESSION['user']==null){ //未登录,重定向到登录页(可统一 include 或 require 处理)
3.          header("Location: login.php");
4.          return;
5.      }
6.  ?>
7.  >>欢迎<?=$_SESSION['user']->name?>
8.  <a href='logout.php'>退出</a>
9.  <a href='chgPwd.php'>修改密码</a><br>
10. <img src="<?=$_SESSION['user']->photo_url?>" width="100px" height="100px">
```

第 9 行，加入了修改密码链接，单击该链接后，可跳转至修改密码页面。

创建修改密码页（如 chgPwd.php），界面应该有原密码输入框、新密码输入框和新密码二次输入框。在原密码正确，以及两次新密码输入一致的情况下，可对 user 表中相应用户密码进行更新，代码如下所示：

```
1.  <?php include('dbTool.php'); include('common/checkForm.php');
2.      session_start();                    //启动 Session
3.      if($_SESSION['user']==null) {       //未登录,重定向到登录页(可统一 include 或 require 处理)
4.          header("Location: login.php");  //未登录,无法修改自己的密码,先登录
5.          return;
6.      }
7.      $msg="";
8.      if(!empty($_POST)){                 //修改密码提交了
9.          //判断原密码是否正确
10.         $name= $_SESSION['user']->name;
11.         $pwd= encriptPwd($name,$_POST['pwd']);     //与注册中的加密函数相同
```

```
12.        try{
13.            $user=queryObject("select * from user where name=? and pwd=?",
14.                [ $name. "", $pwd ] );
15.            if($user){//原密码输入正确,则修改密码
16.                $cnt=execSQL("update user set pwd=? where id=?",
17.                    [ encriptPwd($name,$_POST[ 'newPwd' ]), $_SESSION[ 'user' ]->id ]);
18.                if($cnt>0){
19.                    $msg="修改密码成功,<a href='login. php'>重新登录</a>";
20.                }else{
21.                    $msg="修改密码失败";
22.                }
23.            }else{
24.                $msg="原密码输入错误";
25.            }
26.        }catch(Exception $e){
27.            print_r($e->getMessage());
28.        }
29.    }
30.    ?>
31.    <script src="js/jquery-3. 7. 1. min. js"></script>
32.    <script>
33.    $(function(){
34.        $('#newPwd2'). on('change', function(){
35.            if($('#newPwd'). val()! =$('#newPwd2'). val()){
36.                $('#newPwd2'). get(0). setCustomValidity('两次密码必须一致!! ')
37.            }else{
38.                $('#newPwd2'). get(0). setCustomValidity('')
39.            }
40.        });
41.    });
42.    </script>
43.    修改"<?=$_SESSION[ 'user' ]->name?>"密码<br>
44.    <?='<font color="red">'. $msg. '</font>'?>
45.    <form method="post">
46.      <input type="password" placeholder="原密码" required name="pwd" ><br>
47.      <input type="password" placeholder="新密码" id="newPwd" name="newPwd"
48.        title="必填。长度在 8~15 之间,只能包含字母、数字和下划线"
49.        pattern="^\w{8,15}$" > <br>
50.      <input type="password" placeholder="新密码二次输入"
51.        id="newPwd2" name="newPwd2" pattern="^\w{8,15}$" ><br>
52.      <button type="submit">确认</button>
53.    </form>
```

第 3~6 行,判断用户未登录,则重定向到登录页 login. php。

第 8~29 行,在提交修改密码请求的情况下,先判断原密码是否有效,如有效,则对 user 表中相应用户密码进行修改。最后返回修改成功与否的信息。注意,第 11 行对原密码了进行加密,第 17 行中也对新密码进行了加密,否则,判断原密码是否正确和修改密码都会有问题。

第 34~40 行,用代码判断两次新密码输入不一致时,显示自定义提示"两次密码必须一致"。

第45~53行，设计修改密码表单。包含了原密码输入、新密码输入、新密码二次输入等表单元素，另外，用type、pattern、required属性对前端输入内容进行有效性验证。

用浏览器测试修改密码功能：

在登录页（login.php）登录成功后，会转至欢迎页（welcome.php）。在欢迎页中单击"修改密码"链接，如图8.15所示。

进入修改密码页，如图8.16所示，显示了用户名、原密码输入框、新密码输入框和新密码二次输入框。

图8.15 单击欢迎页中的"修改密码"链接

图8.16 显示修改密码页

在修改密码页中，输入原密码"12345678"，输入新密码"1234567890"两次，单击"确认"按钮，如图8.17所示。

修改ada用户的密码后，返回成功信息"修改密码成功，重新登录"，如图8.18所示。

图8.17 正确输入原密码和两次新密码

图8.18 返回成功修改密码的信息

单击"重新登录"链接，将进入登录页（login.php），接着就可以用新密码进行登录了。

8.5 更换头像

用户更换头像，也是用户管理的一项常用功能。在本示例中，实际更换为用户的证件照。

【示例8.5】更换用户证件照。

在欢迎页（如welcome.php）上增加更换证件照链接，以便跳转至更换证件照页面（如chgPhoto.php），代码如下所示：

```php
1.  <?php session_start();
2.      if($_SESSION['user']==null){  //未登录,重定向到登录页(可统一 include 或 require 处理)
3.          header("Location: login.php");
4.          return;
5.      }
6.  ?>
7.  >>欢迎<?=$_SESSION['user']->name?>
8.  <a href='logout.php'>退出</a>
9.  <a href='chgPwd.php'>修改密码</a>
10. <a href='chgPhoto.php'>更换证件照</a>
11. <br>
12. <img src="<?=$_SESSION['user']->photo_url?>" width="100px" height="100px">
```

第10行,加入了"更换证件照"链接。

创建更换证件照文件(如 chgPhoto.php),界面应该有图片标签和文件上传文件标签。进入页面时,会显示原证件照,更换证件照文件后,应有预览功能。提交请求后,会将新证件照文件在后端保存起来,并将证件照 URL 修改至 user 表中,代码如下所示:

```php
1.  <?php session_start();                          //启动 Session
2.      include 'dbTool.php';
3.      if($_SESSION['user']==null){    //未登录,重定向到登录页(可统一 include 或 require 处理)
4.          header("Location: login.php");
5.          return;
6.      }
7.      $msg="";
8.      if(empty($_FILES) || $_FILES["photo"]==null || $_FILES["photo"]["size"]==0){
9.          $msg="请先选择新证件照文件";
10.     }else{
11.         $eimg_url=null;
12.         if ($_FILES["photo"]["error"] == 0) {    //上传无错
13.             $ext= pathinfo($_FILES["photo"]["name"], PATHINFO_EXTENSION);    //取文件后缀
14.             $eimg_url='upload/'.time().'.'.$ext;    //先建立可写入权限的 upload 目录
15.             $moved = move_uploaded_file($_FILES["photo"]["tmp_name"], $eimg_url);  //保存文件
16.         }
17.         $cnt=execSQL('update user set photo_url=? where id=?',
18.                 [ $eimg_url,$_SESSION['user']->id ]);
19.         if($cnt>0){
20.             $msg="修改证件照成功!";
21.             $_SESSION['user']->photo_url=$eimg_url;
22.         }else{
23.             $msg="修改证件照失败!";
24.         }
25.     }
26. ?>
27. <script src="js/jquery-3.7.1.min.js"></script>
28. <script>
29. function preview(photo){                         //预览照片
30.     $('#photoImg').attr("src", window.URL.createObjectURL(photo.files[0]))
31. };
```

```
32.    </script>
33.    修改"<?=$_SESSION['user']->name?>"证件照<br>
34.    <?='<font color="red">'. $msg .'</font>'?>
35.    <form action="" enctype="multipart/form-data" method="post">
36.    证件照<br>
37.    <img id="photoImg" src="<?=$_SESSION['user']->photo_url?>"
38.        height="100" width="100"><br>
39.    <input id="photo" name="photo" type="file" onchange="preview(this)" required><br>
40.    <button type="submit">确认</input>
41.    </form>
```

第3~6行，用户未登录，则用header()函数重定向到登录页login.php。

第8、9行，如果没有上传新的证件照文件，则设置$msg值为"请先选择新证件照文件"。注意，这里判断代码没有用empty($_POST)，而是用了empty($_FILES)，这是因为PHP中文件上传内容放置在$_FILES数组中，而不是在$_POST数组中。

第10~25行，如果上传了新的证件照文件，则保存上传文件，然后修改user表中相应用户的证件照文件URL，接着修改Session中用户的证件照文件URL值，最后设置$msg值为"修改证件照成功！"。当然，修改user表中证件照文件URL失败时，设置$msg值为"修改证件照失败！"。

第29~31行，定义preview()函数，用于前端图片预览功能。

第35~44行，设计更换证件照表单，表单中包含了图片、文件上传输入框、"提交"按钮等元素。注意，为了确保能上传文件，表单的enctype属性值设置为multipart/form-data、method属性值设置为post。

测试"更换证件照"功能，过程如下：

通过浏览器访问登录页，登录成功后，重定向到欢迎页，单击欢迎页上的"更换证件照"链接，如图8.19所示。

图8.19　单击欢迎页上的"更换证件照"链接

转至更换证件照页面后，单击"选择文件"按钮，在弹出的文件选择框中选择一个证件照文件，单击"打开"按钮，如图8.20所示。

浏览器中会预览显示更换的证件照内容，如图8.21所示。

单击"确认"按钮，页面返回"修改证件照成功！"信息，如图8.22所示。

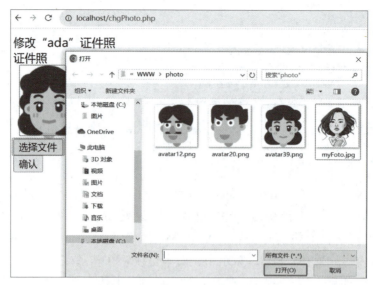

图 8.20 选择一个证件照文件

图 8.21 预览显示更换的证件照内容

图 8.22 返回修改证件照成功信息

思考与练习

在第 7 章的思考与练习中，已经实现了注册和登录两个用户管理功能，本章练习是对用户管理功能的进一步扩充。

1. 修改注册功能。

在原有注册功能的基础上，表单中增加头像上传文件框和富文本简历输入框两个元素，同时修正相应的前后端代码。

注意，t_user 表字段需要相应增加。

2. 修改登录功能。

在原有登录功能基础上，表单中增加验证码输入框元素，同时修正相应的前后端代码。

3. 实现退出功能。

退出后，应清空 Session 数据，并转向登录页。

4. 实现修改密码功能。

只有在原密码正确，两次新密码输入一致的情况下，才能修改用户表中相应用户的密码。

注意，只有在登录的情况下才能修改密码；新密码应该满足 8 位以上字符个数；新密码需要加密保存。

5. 实现更改头像功能。

更改头像时，可预览图片效果；更改头像后，再进入更改头像页面时，应显示新头像。

第 9 章 实践项目功能展示

通过前面章节的学习,掌握了使用 PHP+MySQL 进行 Web 开发的基本知识和常用技能,现在可以尝试项目实践了。

本章结合"员工管理"项目的需求,将该项目的完整功能页面都展示出来,读者可依据功能页面进行项目实践。

9.1 开发环境搭建

在 Windows 10 操作系统下,实践项目所需软件的具体清单如下:

(1) PhPStudy 8.1:集成 Apache 2、MySQL 5、SQL Front 5、PHP 7。
(2) VSCode 1.82:配置 Xdebug 环境。
(3) Chrome 117:默认安装。
(4) JQuery 3.6:在 PHP 页面中按需引入。
(5) KindEditor 2.1:在需要富文本框的页面中引入。
(6) JQuery Validation 1.14:在 PHP 页面中按需引入。

对于软件的具体安装和配置过程,相关章节中已有叙述,这里不再赘述。

9.2 功能预览

"员工管理"应用大体分为 5 个功能,如图 9.1 所示。

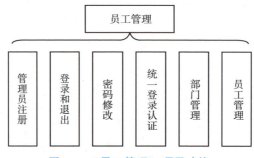

图 9.1 "员工管理"项目功能

登录和退出：只有登录后的有效用户才能访问应用主体功能，登录后，留有"退出"系统的链接，单击"退出"链接后，应清空用户的登录信息。用户分为 admin 用户和普通管理员用户。admin 为系统预设的超级管理用户，可操作所有功能；普通管理员用户是可以被 admin 注册的用户，协助 admin 管理应用。

密码修改：登录后，在欢迎姓名处有"修改密码"入口。可输入原密码和新密码，对登录密码进行修改。

管理员注册：即注册普通管理员用户。注册后的普通管理员可操作部门管理和员工管理两个主体功能。

统一登录认证：当访问需认证资源时，先判断用户是否为登录状态。若是，则给予访问，否则转至登录页。

部门管理：对部门基础数据进行简单的增、删、改、维护操作。部门数据量少，无须分页，实现简单列表显示即可。

员工管理：对员工信息进行增、删、改、查操作。员工列表比较复杂，应带有查询功能，并且能翻页显示。此外，在添加和编辑员工时，有图片文件（员工照）上传和预览功能。

9.2.1 静态页清单

项目开发中，可先设计静态页面，通过静态页来预览功能。这是与客户沟通的有效手段，可进一步确认客户真实需求及对应的项目功能。

详细的静态页设计页面可自行设计，也可参考本书配套的"案例素材"。

本书"案例素材"中的静态页面和相关资源清单如图 9.2 所示。

图 9.2　静态页面和相关资源清单

9.2.2 应用框架

进入首页，实际进入一个 iframe 伪单页应用框架。整个应用框架固定不变，由顶部、左侧栏、功能区、底部组成。单击框架页上的链接后，由 iframe 加载不同功能页。

登录前的首页效果如图 9.3 所示。单击左侧栏中的"部门管理"或"员工管理"链接，功能区显示登录页信息。

图 9.3 登录前的首页效果

登录后的首页效果如图 9.4 所示。右上角为欢迎用户信息。

图 9.4 登录后的首页效果

注意，此时如果将鼠标移动到欢迎用户姓名之上，会显示相应用户的功能链接。普通管理员会显示"修改密码"和"退出"功能链接，admin 用户还会显示"注册管理员"功能链接，如图 9.5 和图 9.6 所示。

图 9.5 普通管理员功能菜单　　图 9.6 超管功能菜单

应用框架页为 Index.html，其核心代码如下：

```html
<!DOCTYPE html>
<html lang="en">
<head>
    <meta charset="UTF-8">
    <title>员工管理系统</title>
    <link href="css/index.css" rel="stylesheet">
</head>
<body>
<div id="container">
    <header>
        员工管理系统
        <span id="loginSpan" style="display:inline"
            onclick='document.getElementById("fun").src="Login.html";'>
            <img src="img/login16.png" alt="登录 icon"> 登录
        </span>
        <span id="loginedSpan" style="right:90px;display:inline;">
            <span id="loginName">欢迎,超管</span>
            <ul id="menu">
                <li onclick='document.getElementById("fun").src="Register.html";'>
                    注册管理员</li>
                <li onclick='document.getElementById("fun").src="ChgPwd.html";'>
                    修改密码</li>
                <li onclick="location.href='Index.html'">
                    <img src="img/logout16.png" alt="退出 icon"> 退出</li>
            </ul>
        </span>
    </header>
    <div id="body">
        <aside>
            <a href="Dept.html" target="fun">部门管理</a><br>
            <a href="Emp.html" target="fun">员工管理</a><br>
        </aside>
        <div id="content">
            <iframe id="fun" name="fun" height="640" width="900"
                frameborder="0" src="Welcome.html">
            </iframe>
        </div>
    </div>
    <footer>Copyright 2022 - 版权所有 </footer>
</div>
</body>
</html>
```

9.2.3 登录

单击右上角的"登录"链接，iframe 功能区会切换到登录页，当然，在未登录状态下单击左侧栏功能链接，会被切换到登录页。

登录页的整体效果如图 9.7 所示。需要输入账号、密码、验证码。验证过程为：先对输入的验证码进行校验，不为空且与会话（Session）中校验码一致时才通过；再校验账号和密码，在数据库用户表 t_user 中有相应数据行时通过验证。

图 9.7　登录页整体效果

登录页为 Login.html，其核心代码为：

```
<!DOCTYPE html>
<html lang="en">
<head>
    <meta charset="UTF-8">
    <title>登录</title>
    <link href="css/Login.css" rel="stylesheet">
    <script type="text/javascript">
        function chgImg(){ //刷新验证码
            document.getElementById("imgCode").src="imgCode.jpg?"+Math.random();
        }
    </script>
</head>
<body>
<div id="container">
    <h3>用户登录　<span id="msg">请先登录</span></h3>
    <form action="login" method="post">
        <h4>账号</h4><input name="ename" type="text"><br>
        <h4>密码</h4><input name="epwd" type="password"><br>
        <h4>验证码</h4><img id="imgCode" src="img/imgCode.jpg" onclick="chgImg()">
        <a href="javascript:void(0)" onclick="chgImg()">看不清，换一张</a><br>
        <h4> </h4><input name="vcode" type="text">
        <h4> </h4><button id="login" type="submit"><span>登录</span></button><br>
    </form>
</div>
</body>
</html>
```

9.2.4 退出

登录成功后,将鼠标移至欢迎用户姓名上,会显示下拉菜单,如图 9.5 和图 9.6 所示,其中,图 9.5 是普通管理员的菜单,图 9.6 是超管用户 admin 的菜单。单击上面的"退出"按钮,将退出系统,回到如图 9.3 所示的未登录首页。

9.2.5 注册管理员

只有超管用户 admin 才能注册管理员。admin 登录应用后,将鼠标移至"欢迎,超管"上,会显示下拉菜单,如图 9.6 所示,单击其中的"注册管理员"链接,功能区将显示注册管理员页面,如图 9.8 所示。

图 9.8 注册管理员页面

输入账号、真实姓名、密码和密码确认后,单击"注册"按钮,管理员信息写入系统,功能区会返回"注册管理员"页面,同时显示"注册成功"信息,如图 9.9 所示。

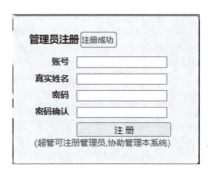

图 9.9 注册成功

注册页为 Register.html,其核心代码为:

```html
<!DOCTYPE html>
<html lang="en">
<head>
    <meta charset="UTF-8">
    <title>注册管理员</title>
    <link href="css/Register.css" rel="stylesheet">
</head>
<body>
<div id="container">
    <h3>管理员注册 <span id="msg"></span></h3>
    <form action="register" method="post">
        <h4>账号</h4><input name="uname"><br>
        <h4>真实姓名</h4><input name="utruename"><br>
        <h4>密码</h4><input name="upwd" type="password"><br>
        <h4>密码确认</h4><input name="confirmPwd" type="password"><br>
        <h4></h4><button id="register"><span>注册</span></button> <br>
        <span id="notes" >( 超管可注册管理员,协助管理本系统)</span>
    </form>
</div>
</body>
</html>
```

9.2.6 密码修改

登录成功后,将鼠标移至欢迎用户姓名上,会显示下拉菜单,单击"密码修改"链接,功能区将进入如图 9.10 所示的密码修改页面。

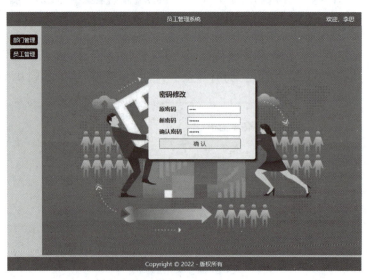

图 9.10 密码修改

输入原密码、新密码和确认密码，单击"确认"按钮，新密码将写回系统，并返回"密码修改"页面，同时显示"密码修改成功"信息，如图 9.11 所示。

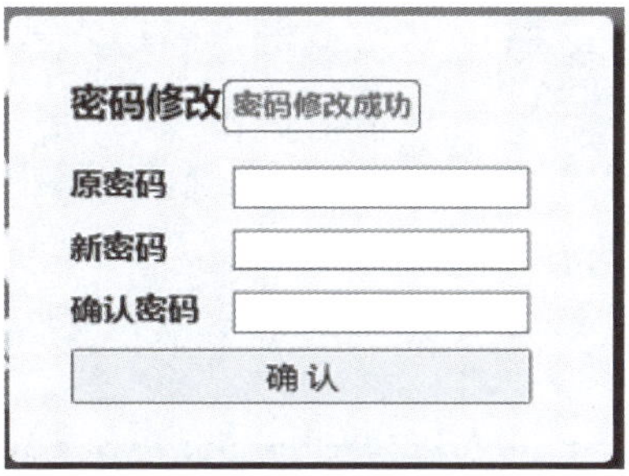

图 9.11 密码修改成功

密码修改页为 ChgPwd.html，其核心代码为：

```
<!DOCTYPE html>
<html lang="en">
<head>
    <meta charset="UTF-8">
    <title>修改密码</title>
    <link href="css/ChgPwd.css" rel="stylesheet">
</head>
<body>
<div id="container">
    <h3>密码修改 <span id="msg"></span></h3>
    <form action="chgPwd.html" method="post">
        <h4>原密码</h4><input name="pwd" type="password"><br>
        <h4>新密码</h4><input name="newPwd" type="password"><br>
        <h4>确认密码</h4><input name="confirmPwd" type="password"><br>
        <button id="comfirm" type="submit"><span>确认</span></button><br>
    </form>
</div>
</body>
</html>
```

9.2.7 部门管理

员工从属于部门，因此需要对部门信息进行维护。部门信息由部门名称和部门所在位置组成。

部门管理的主要功能有部门列表、添加部门、编辑部门和删除部门。

单击应用框架左侧栏的"部门管理"链接，功能区进入部门管理主页，默认显示部门列表，如图 9.12 所示。

单击"添加"按钮，功能区进入添加部门页，可输入部门名称和部门位置，如图 9.13 所示。

单击"确定"按钮，返回部门管理主页，列表中成功显示新增部门，如图 9.14 所示。

图 9.12　部门管理主页

图 9.13　添加部门页

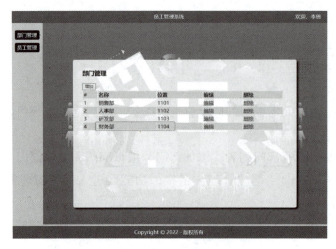

图 9.14　部门管理主页成功显示新增部门

单击"编辑"链接,功能区将进入编辑部门页。在图 9.14 中第 4 行的"编辑"链接上进行单击,进入编辑部门页,此时会显示原有部门的信息,如图 9.15 所示。

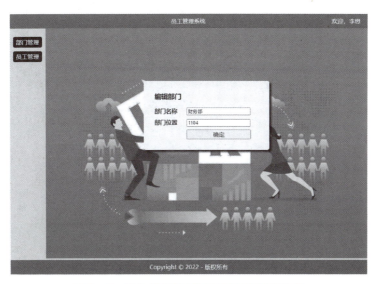

图 9.15　进入编辑部门页显示原有部门信息

修改部门信息,如图 9.16 所示。单击"确定"按钮,功能区返回部门管理主页,在列表中将成功显示修改部门信息,如图 9.17 所示。

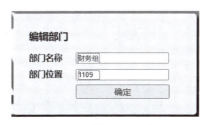

图 9.16　修改部门信息

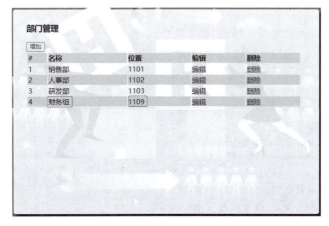

图 9.17　部门管理主页成功显示修改部门信息

单击"删除"链接,将弹出删除确认框,如图 9.18 所示。单击"确定"按钮,功能区将返回部门管理主页,列表中不再显示被删除的部门,如图 9.19 所示。

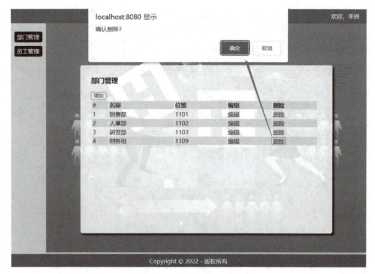

图 9.18　单击删除部门

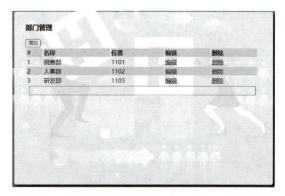

图 9.19　部门管理主页中不再显示被删除的部门

部门管理主页为 Dept.html,核心代码如下:

```
<!DOCTYPE html>
<html lang="en">
<head>
    <meta charset="UTF-8">
    <title>部门管理</title>
    <link href="css/Dept.css" rel="stylesheet" >
    <script>
        function del(id){
            if(confirm('确认删除？')) {
                window.location.href = "Dept.html";
            }
        }
```

```html
        </script>
    </head>
    <body>
    <div id="container" >
        <h3>部门管理</h3>
        <button id="addBtn" onclick="location.href='AddDept.html'">增加</button>
        <table>
            <tr><td>#</td><th>名称</th><th>位置</th><th>编辑</th><th>删除</th></tr>
            <tr><td>1</td><td>销售部</td><td>1101</td>
                <td><a href="EditDept.html">编辑</a></td>
                <td><a href="javascript:del(1);">删除</a></td></tr>
            <tr><td>2</td><td>人事部</td><td>1102</td>
                <td><a href="EditDept.html">编辑</a></td>
                <td><a href="javascript:del(2);">删除</a></td></tr>
            <tr><td>3</td><td>研发部</td><td>1103</td>
                <td><a href="EditDept.html">编辑</a></td>
                <td><a href="javascript:del(3);">删除</a></td></tr>
        </table>
    </div>
    </body>
</html>
```

添加部门页为 AddDept.html，核心代码如下：

```html
<!DOCTYPE html>
<html lang="en">
<head>
    <meta charset="UTF-8">
    <title>部门管理</title>
    <link href="css/AddDept.css" rel="stylesheet" >
</head>
<body>
<div id="container">
    <h3>添加部门</h3>
    <form action="deptAdd" method="post">
        <h4>部门名称</h4><input name="dname"><br>
        <h4>部门位置</h4><input name="dlocation"><br>
        <h4></h4><button id="add" type="submit"><span>确定</span></button><br>
    </form>
</div>
</body>
</html>
```

编辑部门页为 EditDept.html，核心代码如下：

```html
<!DOCTYPE html>
<html lang="en">
<head>
    <meta charset="UTF-8">
    <title>部门管理</title>
```

```html
        <link href="css/EditDept.css" rel="stylesheet">
</head>
<body>
<div id="container">
    <h3>编辑部门 <span id="msg"></span></h3>
    <form action="Dept.html" method="post">
        <h4>部门名称</h4><input name="dname" value="销售部"><br>
        <h4>部门位置</h4><input name="dlocation" value="1101"><br>
        <input type="hidden" name="id" value="1">
        <h4></h4><button id="edit"  type="submit"><span>确定</span></button><br>
    </form>
</div>
</body>
</html>
```

9.2.8 员工管理

员工信息由姓名、照片、性别、生日和所在部门组成。

员工管理和部门管理类似，主要功能有员工列表、添加员工、编辑员工和删除员工。此外，对于员工列表，还可以按条件查询，并对返回列表进行翻页显示。

单击应用框架左侧栏的"员工管理"链接，功能区进入员工管理主页，默认显示员工列表，如图9.20所示。

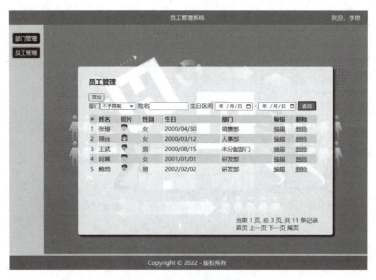

图9.20　员工管理主页

单击"部门"下拉按钮，选择"研发部"，单击"查询"按钮，显示了所属"研发部"的员工列表，同时，在页面右下角显示了正确的分页信息，包括当前页、总页数和总记录数，如图9.21所示。

单击"下一页"链接，查询条件状态会保持，列表信息和分页信息发生改变。显示结果符合查询分页要求，如图9.22所示。

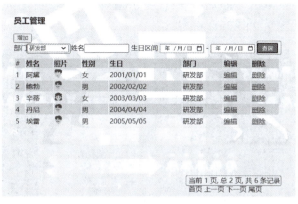

图 9.21　按部门条件查询返回结果

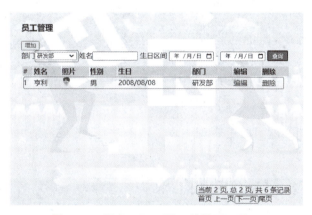

图 9.22　单击"下一页"链接显示结果

类似的，可单击"首页""上一页""尾页"链接将正确显示对应的分页效果。

此外，可对姓名进行模糊查询、对生日进行区间查询。

当然，也可以将多个条件组合查询，如选择"研发部"，输入生日范围"2000/1/1"至"2005/12/31"，单击"查询"按钮，返回对应的列表和分页信息，如图 9.23 所示。

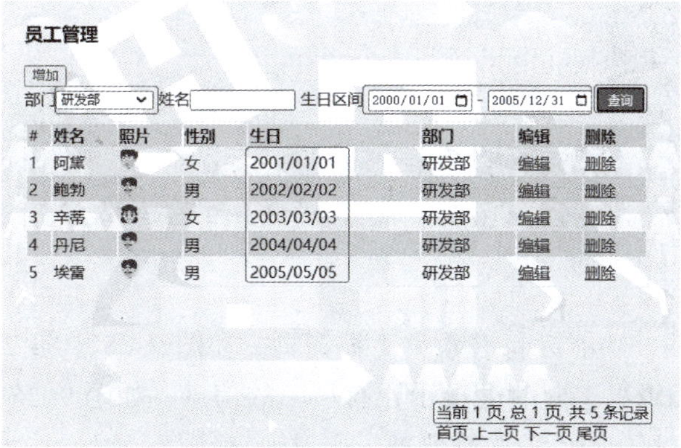

图 9.23　组合查询显示效果

在员工管理主页中，单击"添加"按钮，功能区进入添加员工页，可输入姓名、性别、生日、部门、照片，如图9.24所示。

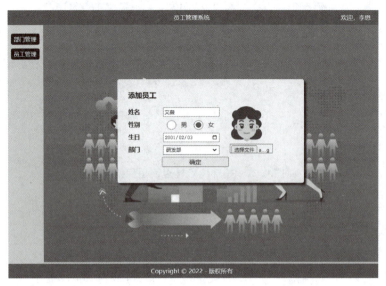

图9.24　添加员工页

单击"确定"按钮，返回员工管理主页，单击"尾页"链接，列表中成功显示新增员工信息，如图9.25所示。

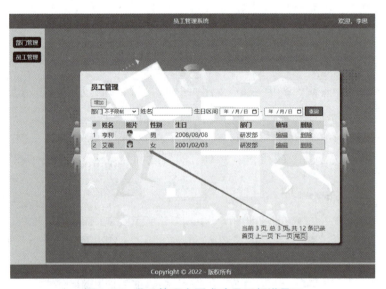

图9.25　员工管理主页成功显示新增员工

单击"编辑"链接，功能区将进入员工编辑页。在图9.25中第2行的"编辑"链接上进行单击，进入员工编辑页，此时会显示原有员工的信息，如图9.26所示。

如图9.27所示，对员工信息进行修改。单击"确定"按钮，功能区返回员工管理主页，单击"尾页"链接，列表中成功显示修改员工信息，如图9.28所示。

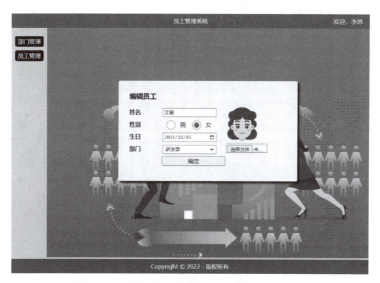

图 9.26　进入员工编辑页显示原有员工信息

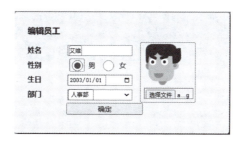

图 9.27　修改员工信息

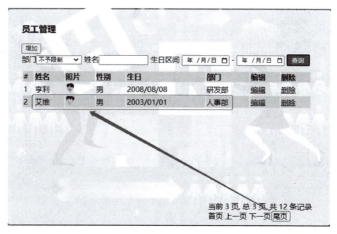

图 9.28　员工管理主页成功显示修改员工信息

单击"删除"链接，将弹出删除确认框，如图 9.29 所示；单击"确定"按钮，功能区将返回员工管理主页；单击"尾页"链接，列表中不再显示删除员工，如图 9.30 所示。

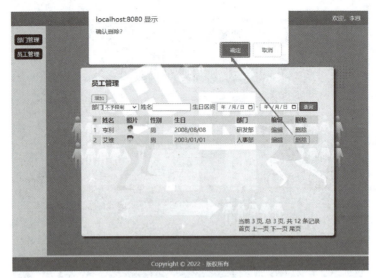

图 9.29　单击删除员工

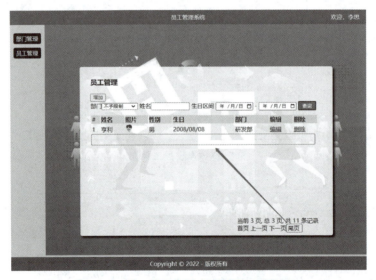

图 9.30　员工管理主页中不再显示删除员工

员工管理主页为 Emp. html，代码如下：

```
<!DOCTYPE html>
<html lang="en">
<head>
    <meta charset="UTF-8">   <title>员工管理</title>
    <link href="css/Emp.css" rel="stylesheet">
    <script>
        function del(id){
            if(confirm('确认删除？')) {   window. location. href = "Emp. html"; }
        }
```

```html
        </script>
</head>
<body>
<div id="container" style="position: relative;">
    <h3>员工管理</h3>
    <button id="addBtn" onclick="location.href='AddEmp.html'">增加</button>
    <form action="Emp.html" id="searchDiv" >
        部门<select class="searchCondition" name="deptId">
        <option value="0">不予限制</option>
        <option value="1">销售部</option>
        <option value="2">人事部</option>
        <option value="3">研发部</option>
        </select>
        姓名<input class="searchCondition" type="text" name="ename" value="">
        生日区间 <input class="birthInput" type="date" name="ebirth1" value=""> -
        <input class="birthInput" type="date" name="ebirth2" value="">
        <input type="hidden" id="inputPageNum" name="pageNum" value="1">
        <button id="btnSearch" type="submit">查询</button>
    </form>
    <table>
        <tr><td>#</td><th>姓名</th><th>照片</th><th>性别</th><th>生日</th><th>部门</th><th>编辑</th><th>删除</th></tr>
        <tr><td>1</td><td>张珊</td><td><img src="photo/avatar20.png"></td>
            <td>女</td><td>2000/04/30</td><td>销售部</td>
            <td><a href="EditEmp.html">编辑</a></td>
            <td><a href="javascript:del(1);">删除</a></td></tr>
        <tr><td>2</td><td>丽丝</td><td><img src="photo/avatar39.png"></td>
            <td>女</td><td>2000/03/12</td><td>人事部</td>
            <td><a href="EditEmp.html">编辑</a></td>
            <td><a href="javascript:del(2);">删除</a></td></tr>
        <tr><td>3</td><td>王武</td><td><img src="photo/avatar12.png"></td>
            <td>男</td><td>2000/08/15</td><td>未分配部门</td>
            <td><a href="EditEmp.html">编辑</a></td>
            <td><a href="javascript:del(3);">删除</a></td></tr>
        <tr><td>4</td><td>阿黛</td><td><img src="photo/avatar20.png"></td>
            <td>女</td><td>2001/01/01</td><td>研发部</td>
            <td><a href="EditEmp.html">编辑</a></td>
            <td><a href="javascript:del(5);">删除</a></td></tr>
        <tr><td>5</td><td>鲍勃</td><td><img src="photo/avatar12.png"></td>
            <td>男</td><td>2002/02/02</td><td>研发部</td>
            <td><a href="EditEmp.html">编辑</a></td>
            <td><a href="javascript:del(6);">删除</a></td></tr>
    </table>
    <div id="pager">
        当前1页,总3页,共11条记录<br>
        <a herf="#" onclick="goPage(1);return false;">首页</a>
        <a herf="#" onclick="goPage(1);return false;">上一页</a>
        <a herf="#" onclick="goPage(2);return false;">下一页</a>
        <a herf="#" onclick="goPage(3);return false;">尾页</a>
        <script>
            function goPage(pageNumValue){
                //页码置入隐藏元素 inputPageNum 的 value 中,提交
```

```
            let inputPageNum=document. getElementById("inputPageNum")
            inputPageNum. setAttribute('value',pageNumValue);
            document. getElementById("searchDiv"). submit();
        }
    </script>
    </div>
</div>
</body>
</html>
```

员工添加页为 AddEmp. html，代码如下：

```
<!DOCTYPEhtml>
<html lang="en">
<head>
    <meta charset="UTF-8"> <title>员工管理</title>
    <link href="css/AddEmp. css" rel="stylesheet" >
    <script src="js/jquery-3. 6. 0. min. js"></script>
</head>
<body>
<div id="container">
    <h3>添加员工</h3>
    <form action="Emp. html" method="post" enctype="multipart/form-data">
        <div id="leftContent">
            <h4>姓名</h4><input name="ename"   ><br>
            <h4>性别</h4><input name="esex" type="radio" value="男" checked>男
            <input name="esex" type="radio" value="女">女<br>
            <h4>生日</h4><input name="ebirth" type="date"   ><br>
            <h4>部门</h4><select name="dept_id">
            <option value="0">请选择</option>
            <option value="1">销售部</option>
            <option value="2">人事部</option>
            <option value="3">研发部</option>
            </select><br>
            <h4></h4><button id="add" type="submit"><span>确定</span></button><br>
        </div>
        <div id="rightContent">
            <img id="photoImg" src="img/addPhoto. png"><br>
            <input id="photo" name="photo" type="file">
            <script>
                $("#photo"). change(function(){          //预览照片
                    $("#photoImg"). attr("src",URL. createObjectURL($(this)[0]. files[0]));
                });
            </script>
        </div>
    </form>
</div>
</body>
</html>
```

员工编辑页为 EditEmp.html，代码如下：

```html
<!DOCTYPE html>
<html lang="en">
<head>
    <meta charset="UTF-8"> <title>员工管理</title>
    <link href="css/EditEmp.css" rel="stylesheet">
    <script src="js/jquery-3.6.0.min.js"></script>
</head>
<body>
<div id="container">
    <h3>编辑员工</h3>
    <form action="Emp.html" method="post" enctype="multipart/form-data">
        <div id="leftContent">
            <h4>姓名</h4><input name="ename" value="张珊"><br>
            <h4>性别</h4><input type="radio" name="esex" value="男" >男
            <input type="radio" name="esex" value="女" checked>女<br>
            <h4>生日</h4><input name="ebirth" type="date" value='2000-04-30'><br>
            <h4>部门</h4><select name="dept_id">
            <option value="0">请选择</option>
            <option value="1" selected>销售部</option>
            <option value="2" >人事部</option>
            <option value="3" >研发部</option>
        </select><br>   <input type="hidden" name="id" value="1">
            <h4></h4><button id="edit" type="submit"><span>确定</span></button><br>
        </div>
        <div id="rightContent">
            <img id="photoImg" src="photo/avatar20.png"><br>
            <input id="photo" name="photo" type="file">
            <script>
                $("#photo").change(function(){
                    $("#photoImg").attr("src",URL.createObjectURL($(this)[0].files[0]));
                });
            </script>
        </div>
    </form>
</div>
</body>
</html>
```

9.2.9 启动应用

将案例素材中的所有静态文件复制到 PhPStudy 的 WWW 文件夹（即默认网站根目录，如 C:\phpstudy_pro\WWW）中。

启动 PhPStudy 中的 Apache 和 MySQL 服务，打开浏览器，访问 http://localhost，会显示项目首页，即 index.html 框架页，如图 9.31 所示。

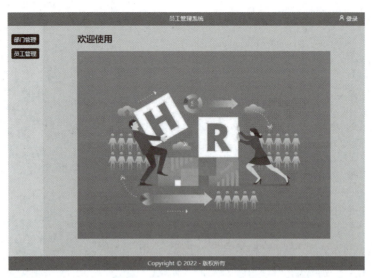

图 9.31　显示 index.html 框架页

接下来，读者可按照页面交互需求，创建数据库，设计出数据表结构，插入测试数据。然后一步步地通过代码实践，将项目中所有的动态功能都实现。

参 考 文 献

[1] 卢克·韦林，劳拉·汤姆森. PHP 和 MySQL Web 开发（第 5 版）[M]. 北京：机械工业出版社，2018.
[2] 于荷云. PHP 7.0+MySQL 网站开发全程实例[M]. 北京：清华大学出版社，2018.
[3] 熊小华. PHP Web 开发实战[M]. 西安：电子科技大学出版社，2019.
[4] 高洛峰. 细说 PHP（第 4 版）[M]. 北京：电子工业出版社，2019.
[5] 张金娜. PHP 程序设计案例教程[M]. 北京：电子工业出版社，2021
[6] 明日科技. PHP 从入门到精通（第 6 版）[M]. 北京：清华大学出版社，2022.
[7] 罗宾·尼克松. PHP、MySQL 与 JavaScript 学习手册（第 6 版）[M]. 北京：中国电力出版社，2022.
[8] 黑马程序员. PHP+MySQL 动态网站开发[M]. 北京：人民邮电出版社，2023.